Formeln und Tabellen zur Physik

Von

J. BERBER   H. KACHER   H. MEYER

Professoren an der Fachhochschule Coburg

18., durchgesehene Auflage

BERNH. FRIEDR. VOIGT · HAMBURG

Inhaltsverzeichnis

1 Mechanik des Massenpunktes und der festen Körper — 4
1.1 Statik — 4
1.2 Kinematik und Dynamik — 10
1.3 Gravitation und Satellitenbewegung — 19
1.4 Relativitätsmechanik für Inertialsysteme — 20

2 Mechanik der Flüssigkeiten und Gase — 22
2.1 Ruhende Fluide — 22
2.2 Strömende Fluide — 23

3 Mechanische Schwingungen und Wellen. Akustik — 25
3.1 Ungedämpfte Längsschwingungen — 26
3.2 Gedämpfte Längsschwingungen — 28
3.3 Erzwungene Längsschwingungen — 28
3.4 Drehschwingungen — 29
3.5 Sinuswellen — 30
3.6 Ausbreitungsgeschwindigkeit c von mechanischen Wellen (Schallwellen) — 32
3.7 Schallfeld in Gasen — 33
3.8 Schallschluckung und Raumakustik — 35
3.9 Bauakustik — 35

4 Kalorik — 37
4.1 Volumenänderung bei Temperaturänderung — 37
4.2 Gasgesetze — 38
4.3 Atomare und molare Größen — 39
4.4 Kalorimetrie — 40
4.5 Stationärer Wärmetransport — 42
4.6 Feuchtigkeit — 45
4.7 Kinetische Wärmetheorie — 46
4.8 Hauptsätze der Thermodynamik — 47

5 Elektrizität und Magnetismus — 48
5.1 Elektrische Felder — 48
5.2 Stationärer Gleichstrom — 50
5.3 Magnetfeld und elektromagnetische Induktion — 53
5.4 Wechselspannung und Wechselstrom (sinusförmig) — 55
5.5 Elektromagnetische Schwingungen und Wellen — 59
5.6 Stromleitung in Elektrolyten — 60
5.7 Geladenes Teilchen im stationären elektrischen und magnetischen Feld — 61
5.8 Halbleiterbauelemente — 62

6 Optik — 63
6.1 Strahlenoptik — 63
6.2 Wellenoptik — 66
6.3 Photometrie — 70

7 Quanten und Atome — 70
7.1 Quantenphysik — 70
7.2 Atomhülle — 71
7.3 Atomkern — 72

8 Tabellen — 76
Dezimale Vielfache und Teile von Einheiten — 76
Tab. 1 Allgemeine Konstanten — 76
Tab. 2a Dichte ϱ_n von Gasen — 76
Tab. 2b Dichte ϱ fester Stoffe — 77
Tab. 2c Dichte ϱ von Flüssigkeiten — 77
Tab. 3 Elastizitätsmodul E — 77
Tab. 4 Fahrwiderstandszahlen μ_f — 77
Tab. 5 Sonnensystem — 77
Tab. 6 Schallgeschwindigkeit c — 78
Tab. 7 Schallabsorptionsgrad α von Schallabsorbern — 78
Tab. 8 Schallschluckung A' von Schallabsorbern — 78
Tab. 9 Mittlerer Längenausdehnungskoeffizient α von festen Stoffen — 78
Tab. 10 Volumenausdehnungskoeffizient β von Flüssigkeiten — 78
Tab. 11 Kalorimetrische Werte — 79
Tab. 12 Spezifischer Heizwert H_u; Heizwert $H_{u,n}$ — 80
Tab. 13 Wärmeübergangswiderstand $1/\alpha$ — 80
Tab. 14 Wärmedurchlasswiderstand $1/\Lambda$ von Luftschichten — 80
Tab. 15 Sättigungsdruck p_s von Wasserdampf in Abhängigkeit von der Temperatur ϑ — 80
Tab. 16 Permittivitätszahl ε_r — 81
Tab. 17 Spezifischer Widerstand ϱ und Temperaturkoeffizient k — 81
Tab. 18 Brechzahl n — 81
Tab. 19 Auswahl radioaktiver Nuklide — 82
Tab. 20 Natürliche Umwandlungsreihen — 83

Sachwortverzeichnis — 84

Periodensystem der Elemente — Ausschlagtafel

Griechisches Alphabet

$A\ \alpha$ **a**lpha	$Z\ \zeta$ **z**eta	$\Lambda\ \lambda$ **l**ambda	$\Pi\ \pi$ **p**i	$\Phi\ \varphi$ **ph**i
$B\ \beta$ **b**eta	$H\ \eta$ **e**ta	$M\ \mu$ **m**ü	$P\ \varrho$ **rh**o	$X\ \chi$ **ch**i
$\Gamma\ \gamma$ **g**amma	$\Theta\ \vartheta$ **th**eta	$N\ \nu$ **n**ü	$\Sigma\ \sigma$ **s**igma	$\Psi\ \psi$ **ps**i
$\Delta\ \delta$ **d**elta	$I\ \iota$ **i**ota	$\Xi\ \xi$ **x**i	$T\ \tau$ **t**au	$\Omega\ \omega$ **o**mega
$E\ \varepsilon$ **e**psilon	$K\ \varkappa$ **k**appa	$O\ o$ **o**mikron	$Y\ \upsilon$ **y**psilon	

1 Mechanik des Massenpunktes und der festen Körper

1.1 Statik

Grundgrößen

Länge[1] l ($r, d, h, \ldots$) einer Strecke oder Kurve

Einheit: **1 Meter m**

Ortskoordinaten x, y, z
eines Punktes P

Einheit: 1 m

Ortsvektor $\vec{r}$
eines Punktes P

$$\vec{r} = x\vec{i} + y\vec{j} + z\vec{k} = \begin{pmatrix} x \\ y \\ z \end{pmatrix}$$

Betragseinheit: 1 m

x, y, z Koordinaten des Ortsvektors

$$\vec{i} = \begin{pmatrix} 1 \\ 0 \\ 0 \end{pmatrix}; \quad \vec{j} = \begin{pmatrix} 0 \\ 1 \\ 0 \end{pmatrix}; \quad \vec{k} = \begin{pmatrix} 0 \\ 0 \\ 1 \end{pmatrix}$$

Flächeninhalt A
Gerichtete ebene
Fläche $\vec{A}$:

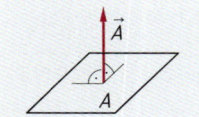

Einheit: 1 m²

Volumen (Rauminhalt) V

Einheit: 1 m³

Ebener Winkel α
($\beta, \gamma, \delta, \ldots$)

$$\alpha = \frac{s}{r}$$

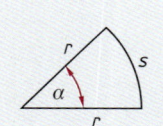

Einheit: $1 \dfrac{m}{m} = 1$ Radiant rad $\equiv 1$

1 Grad ° $= \dfrac{\pi}{180}$ rad

s Kreisbogen mit dem Zentriwinkel α
und dem Radius r

Winkelkoordinate, Phasenwinkel φ eines Strahles

Einheit: 1 rad $\equiv 1$

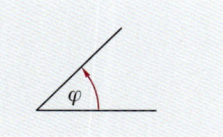

Masse[1] **(Gewicht)** m eines Körpers

Einheit: **1 Kilogramm kg**

Kraft $\vec{F}$
Speziell: Gewichtskraft $\vec{F}_G$

Betragseinheit: $1 \, \text{kg} \, \text{m} \, \text{s}^{-2} = 1$ Newton N

Dichte ϱ

$$\boxed{\varrho = \frac{m}{V}} \quad \text{(Tab. 2)}$$

Speziell Wasser bei 4 °C: $\varrho_{H_2O} = 1 \dfrac{\text{kg}}{\text{dm}^3} = 10^3 \dfrac{\text{kg}}{\text{m}^3}$

Einheit: 1 kg/m³
 1 kg/dm³ = 10³ kg/m³

m Masse eines Körpers mit dem Volumen V

---

[1] Basisgröße

1.1 Statik

Normalspannung σ

$$\sigma = \frac{F}{A}$$

Einheit: $1\,\text{N/m}^2 = 1\,\text{Pascal Pa}$

F Betrag einer Kraft, die senkrecht zur Fläche A gerichtet ist

Tangentialspannung τ

$$\tau = \frac{F}{A}$$

Einheit: $1\,\text{N/m}^2$

F Kraft parallel zur Fläche mit dem Inhalt A

Drehmoment $\vec{M}$
in Bezug auf einen Punkt O:

$$\vec{M} = \vec{r} \times \vec{F}$$

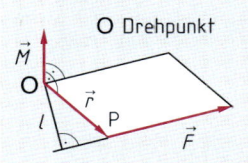

Betragseinheit: $1\,\text{N m}$

$\vec{r}$ Ortsvektor des Angriffpunktes P der Kraft $\vec{F}$

Speziell: Ein starrer Körper (Hebel) hat eine raumfeste Drehachse, die senkrecht auf der von $\vec{r}$ und $\vec{F}$ aufgespannten Ebene steht

$$M = l\,F$$

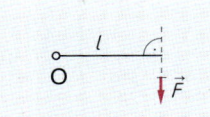

l Abstand der Kraftwirkungslinie von der Drehachse (Hebelarm)

Elastizität

Gesetz von Hooke

$$F = D\,s$$

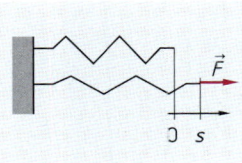

F Betrag der in Richtung der Verformung s wirkenden Kraft, die nötig ist, um die Verformung aufrechtzuerhalten

D Richtgröße (Federkonstante)

Einheit: $1\,\text{N/m}$

$$\sigma = E\,\varepsilon$$

$$\varepsilon = \frac{\Delta l}{l}$$

$$\sigma = \frac{F}{A}$$

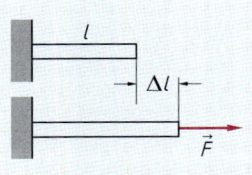

F Betrag der auf die Querschnittsfläche A eines stabförmigen Körpers wirkenden Kraft

σ Normalspannung, die nötig ist, um die relative Längenänderung ε aufrechtzuerhalten

l Länge bei der Spannung 0

E Elastizitätsmodul (Tab. 3)

$$E = D\,\frac{l}{A}$$

Einheit: $1\,\text{N/m}^2$

l Länge des Stabes

1 Mechanik des Massenpunktes und der festen Körper

Federschaltungen

Hintereinander: $\dfrac{1}{D} = \dfrac{1}{D_1} + \dfrac{1}{D_2} + \cdots$

Parallel: $D = D_1 + D_2 + \cdots$

D Gesamtrichtgröße
$D_1, D_2, \ldots$ Richtgrößen der Einzelfedern

Gesetz von Hooke für Torsion

$M = D^* \varepsilon$

D^* Winkelrichtgröße

M Betrag des Drehmomentes, das nötig ist, um den Drehwinkel ε aufrechtzuerhalten

Einheit: $1\,\mathrm{N\,m}$

Zusammensetzung und Zerlegung von Kräften

Krafteck und Seileck für Kräfte in einer Ebene
(Q beliebig auf der Wirkungslinie von $\vec{F}_1$)

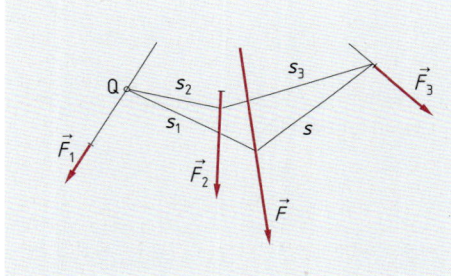

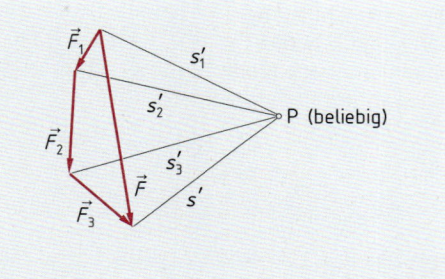

Seileck

$\vec{F}_1 + \vec{F}_2 + \vec{F}_3 = \vec{F}$

Krafteck

$s_1 \parallel s_1'$
$s_2 \parallel s_2'$
$s_3 \parallel s_3'$
$s \parallel s'$

Berechnung der resultierenden Kraft $\vec{F}$
in der x-y-Ebene

$F_{1x} = F_1 \cos \alpha_1 \qquad F_{1y} = F_1 \sin \alpha_1$
$F_{2x} = F_2 \cos \alpha_2 \qquad F_{2y} = F_2 \sin \alpha_2$
$F_{3x} = F_3 \cos \alpha_3 \qquad F_{3y} = F_3 \sin \alpha_3$

$F_x = F_{1x} + F_{2x} + F_{3x} \qquad F_y = F_{1y} + F_{2y} + F_{3y}$
$F_x = F \cos \alpha \qquad\qquad\quad F_y = F \sin \alpha$

$F = \sqrt{F_x^2 + F_y^2}$

$\cos \alpha = \dfrac{F_x}{F} \qquad\qquad \sin \alpha = \dfrac{F_y}{F}$

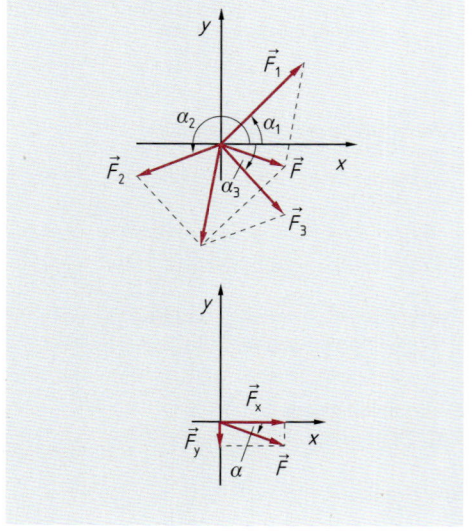

1.1 Statik

Gleichgewichtsbedingungen eines starren Körpers

$$\sum_{i=1}^{n} \vec{F}_i = \vec{0} \quad (i = 1, 2, 3, \ldots, n)$$

$$\sum_{i=1}^{n} \vec{M}_i = \sum_{i=1}^{n} \vec{r}_i \times \vec{F}_i = \vec{0}$$

$\vec{F}_i$ Einzelkraft mit dem Angriffspunkt A_i und dem Drehmoment $\vec{M}_i$

$\vec{r}_i = \overrightarrow{OA}_i$

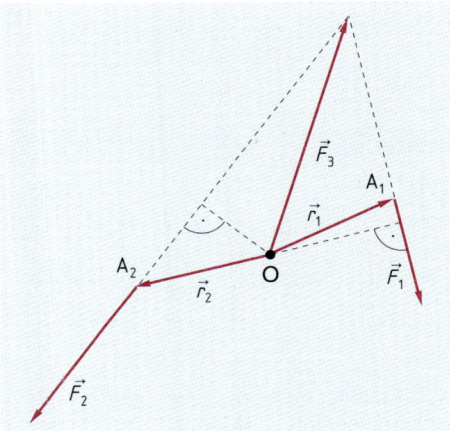

Speziell: Die Wirkungslinien aller Kräfte und der Bezugspunkt O liegen in einer Ebene

$$\boxed{\sum F_{ix} = 0; \quad \sum F_{iy} = 0}$$

$$\boxed{\sum M_r = \sum M_l}$$

(Hebelgesetz)

$\sum M_r$ Summe der rechtsdrehenden Drehmomente

$\sum M_l$ Summe der linksdrehenden Drehmomente

Schwerpunkt

Koordinaten des Körperschwerpunktes

$$x_S = \frac{x_1 F_{G,1} + x_2 F_{G,2} + \cdots}{F_{G,1} + F_{G,2} + \cdots}$$

$$y_S = \frac{y_1 F_{G,1} + y_2 F_{G,2} + \cdots}{F_{G,1} + F_{G,2} + \cdots}$$

$$z_S = \frac{z_1 F_{G,1} + z_2 F_{G,2} + \cdots}{F_{G,1} + F_{G,2} + \cdots}$$

$S_1(x_1|y_1|z_1)$, $S_2(x_2|y_2|z_2)$, ... Teilkörperschwerpunkte

$F_{G,1}$, $F_{G,2}$, ... Gewichtskräfte der Teilkörper

Momentensatz für eine zusammengesetzte Fläche in der x-y-Ebene:

$$x_S A = x_1 A_1 + x_2 A_2 + \cdots$$
$$y_S A = y_1 A_1 + y_2 A_2 + \cdots$$
$$A = A_1 + A_2 + \cdots$$

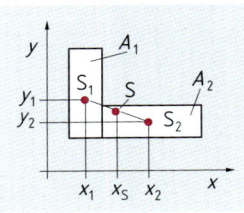

$S(x_S|y_S)$ Flächenschwerpunkt der Gesamtfläche A

$S_1(x_1|y_1)$, $S_2(x_2|y_2)$, ... Schwerpunkte der Teilflächen A_1, A_2, ...

1 Mechanik des Massenpunktes und der festen Körper

Kippsicherheit v

$$v = \frac{M_{St}}{M_K} = \frac{F_G\, l}{F\, h}$$

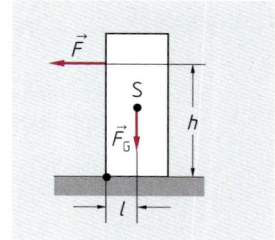

Speziell $v \geq 1$:
Körper kippt nicht

F_G Gewichtskraft
F Kippkraft
h Hebelarm der Kippkraft
M_K Kippmoment
M_{St} Standmoment
l Hebelarm des Standmomentes

Reibung

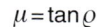
$$F_R = \mu\, F_N$$

μ Reibungszahl

$$\mu = \tan \varrho$$

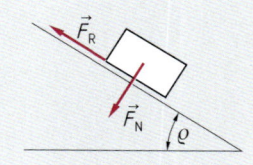

Berücksichtigt man bei Fahrzeugen alle Reibungskräfte ohne den Luftwiderstand, dann nennt man die Reibungszahl Fahrwiderstandszahl μ_f (Tab. 4)

F_R Reibungskraft (parallel zu den reibenden Flächen)
F_N Normalkraft (senkrecht zu den reibenden Flächen)
ϱ Neigungswinkel, den die Ebene der Unterlage gegen die Horizontale annehmen muss, damit der Körper auf der Unterlage gerade noch nicht gleitet (Haftreibung) bzw. gerade noch gleitet (Gleitreibung) oder rollt (Rollreibung)

Einfache Maschinen

Schiefe Ebene

Hangabtriebskraft F_H:

$$F_H = F_G \sin \alpha$$

$$\sin \alpha = \frac{h}{l}$$

Normalkraft F_N:

$$F_N = F_G \cos \alpha$$

$$\cos \alpha = \frac{b}{l}$$

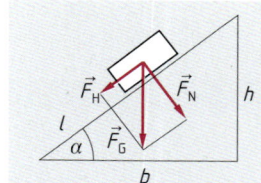

F_G Gewichtskraft
α Steigungswinkel

Zugkraft F_{auf} für eine gleichförmige Aufwärtsbewegung:
$$F_{auf} = F_G (\sin \alpha + \mu \cos \alpha)$$

μ Gleit- oder Rollreibungszahl

Bremskraft F_{ab} für gleichförmige Abwärtsbewegung und $F_H > F_R$:
$$F_{ab} = F_G (\sin \alpha - \mu \cos \alpha)$$

Festhaltekraft F_F:
$$F_F = F_G (\sin \alpha - \mu_0 \cos \alpha)$$

μ_0 Haftreibungszahl

1.1 Statik

Schraube

Steigungswinkel α:

$$\tan\alpha = \frac{h}{2\pi r}$$

Theoretische Kraft F_1 ohne Reibung am Hebelarm l:

$$F_1 = F_2 \frac{h}{2\pi l}$$

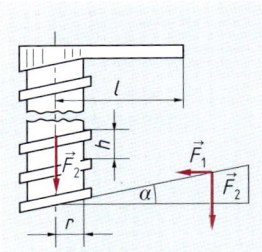

h Ganghöhe
r mittlerer Radius

F_2 Kraft in Richtung der Schraubenachse
h Ganghöhe der Schraube

Keil

Theoretische Spaltkraft F_N ohne Reibung:

$$F_N = \frac{F}{2\sin\alpha} = \frac{w}{b}F$$

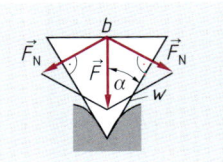

F Kraft auf den Keilrücken

Seilmaschinen
(F_Z Zugkraft bei vernachlässigter Reibung, F_L Lastkraft)

Feste Rolle	Lose Rolle	Stufenscheibe
$F_Z = F_L$	$F_Z = \frac{1}{2}F_L$	$F_Z = \frac{d}{D}F_L$

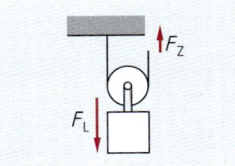
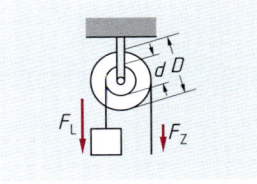

Faktorenflaschenzug	Potenzflaschenzug	Differentialflaschenzug
$F_Z = \frac{1}{2n}F_L$	$F_Z = \frac{1}{2^n}F_L$	$F_Z = \frac{D-d}{2D}F_L$

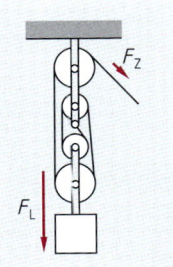
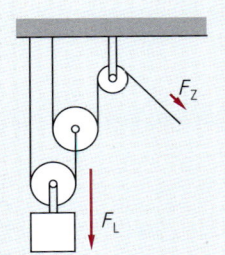
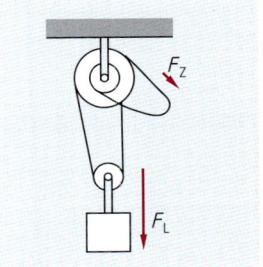

n Anzahl der losen Rollen

Wirkungsgrad η   siehe Seite 14

1.2 Kinematik und Dynamik

Grundgrößen

Zeit[1] t Einheit: **1 Sekunde s**

(Momentan-)Geschwindigkeit $\vec{v}(t)$

$$\vec{v}(t) = \lim_{\Delta t \to 0} \frac{\Delta \vec{r}}{\Delta t} = \frac{d\vec{r}}{dt} = \dot{\vec{r}}$$

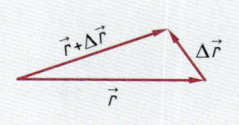

Betragseinheit: 1 m/s

$$1 \frac{km}{h} = \frac{1}{3{,}6} \frac{m}{s}$$

$\Delta \vec{r}$ Änderung des Ortsvektors $\vec{r}$ in der Zeit Δt

---

(Momentan-)Beschleunigung $\vec{a}(t)$

$$\vec{a}(t) = \lim_{\Delta t \to 0} \frac{\Delta \vec{v}}{\Delta t} = \frac{d\vec{v}}{dt} = \dot{\vec{v}}$$

$$\vec{a}(t) = \frac{d^2 \vec{r}}{dt^2} = \ddot{\vec{r}}$$

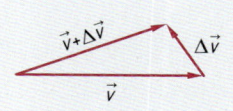

Betragseinheit: 1 m/s²

$\Delta \vec{v}$ Änderung der Geschwindigkeit $\vec{v}$ in der Zeit Δt

---

Geradlinige Bewegung mit konstanter Geschwindigkeit v (gleichförmige Bewegung)

Weg s Einheit: 1 m

$$\boxed{s = v\,t}$$

t Zeit

Geradlinige Bewegung mit konstanter Beschleunigung a

$$\boxed{v = v_0 + a\,t} \qquad v = \sqrt{v_0^2 + 2\,a\,s}$$

$$\boxed{s = v_0 t + \frac{1}{2} a t^2} \qquad s = \frac{1}{2}(v_0 + v)\,t$$

$$v_m = \frac{1}{2}(v_0 + v)$$

v_0 Anfangsgeschwindigkeit
s Weg
t Zeit
v Endgeschwindigkeit
v_m mittlere Geschwindigkeit

Speziell gleichmäßig beschleunigte Bewegung aus der Ruhe: $v_0 = 0$

Geradlinige Bewegung mit konstanter Verzögerung a

$$\boxed{v = v_0 - a\,t} \qquad v = \sqrt{v_0^2 - 2\,a\,s}$$

$$\boxed{s = v_0 t - \frac{1}{2} a t^2} \qquad s = \frac{1}{2}(v_0 + v)\,t$$

$$v_m = \frac{1}{2}(v_0 + v)$$

v_0 Anfangsgeschwindigkeit
s Weg
t Zeit
v Endgeschwindigkeit
v_m mittlere Geschwindigkeit

---

[1] Basisgröße

1.2 Kinematik und Dynamik

Speziell Bremsbewegung bis zum Stillstand: $v = 0$

$v_0 = a\, t_{br}$; $\quad v_0 = \sqrt{2\, a\, s_{br}}$

$s_{br} = \dfrac{1}{2} a\, t_{br}^2$; $\quad s_{br} = \dfrac{1}{2} v_0\, t_{br}$

$v_m = \dfrac{1}{2} v_0$

- t_{br} Bremszeit
- s_{br} Bremsweg
- v_0 Anfangsgeschwindigkeit
- a Verzögerung
- v_m mittlere Geschwindigkeit

Zusammensetzung von geradlinigen Bewegungen

Gesamtgeschwindigkeit $\vec{v}$ eines Punktes P

$\vec{v} = \vec{v}_1 + \vec{v}_2$
(Unabhängigkeitsgesetz der Bewegungen)

$v = \sqrt{v_1^2 + v_2^2 + 2\, v_1 v_2 \cos\alpha}$

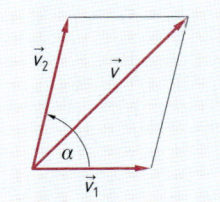

$\vec{v}_1$ und $\vec{v}_2$ sind die Geschwindigkeiten der beiden Bewegungen, die der Punkt P gleichzeitig ausführt

Relativgeschwindigkeit zweier Punkte A und B

$\vec{v}_{A,B} = \vec{v}_A - \vec{v}_B$

$\vec{v}_{B,A} = \vec{v}_B - \vec{v}_A$

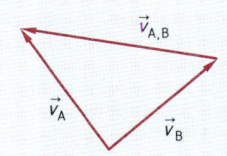

- $\vec{v}_A$ Geschwindigkeit des Punktes A
- $\vec{v}_B$ Geschwindigkeit des Punktes B

Freier Fall und Wurfbewegungen

Freier Fall

$\boxed{v = g\, t}$ $\quad v = \sqrt{2\, g\, h}$

$\boxed{h = \dfrac{1}{2} g\, t^2}$ $\quad h = \dfrac{1}{2} v\, t$

- v Endgeschwindigkeit nach der Zeit t
- h Fallhöhe
- g Fallbeschleunigung

Normfallbeschleunigung g_n
(45° geogr. Breite, Meereshöhe):
$g_n = 9{,}80665\ \text{m/s}^2 \approx 9{,}81\ \text{m/s}^2$

(Freier) Fall auf schiefer Ebene:

$v = g\, t \sin\alpha$

$v = \sqrt{2\, g\, s \sin\alpha} = \sqrt{2\, g\, h}$

$s = \dfrac{1}{2} g\, t^2 \sin\alpha$

- s Weg nach der Zeit t
- h Höhe der schiefen Ebene
- α Neigungswinkel der schiefen Ebene (siehe S. 8)

Senkrechter Wurf nach unten

$v = v_0 + g\, t$; $\quad v = \sqrt{v_0^2 + 2\, g\, h}$

$h = v_0\, t + \dfrac{1}{2} g\, t^2$; $\quad h = \dfrac{1}{2}(v_0 + v)\, t$

- v_0 Abwurfgeschwindigkeit
- v Geschwindigkeit zur Zeit t nach Durchfallen der Höhe h
- g Fallbeschleunigung

1 Mechanik des Massenpunktes und der festen Körper

Senkrechter Wurf nach oben ($t \leq t_{st}$; $h \leq h_{st}$)

$v = v_0 - g\,t$

$v = \sqrt{v_0^2 - 2gh}$

$h = v_0 t - \frac{1}{2} g t^2$

$h = \frac{1}{2}(v_0 + v)\,t$

v_0 Abwurfgeschwindigkeit
v Geschwindigkeit zur Zeit t nach Erreichen der Höhe h
g Fallbeschleunigung
t Zeit

Steigzeit t_{st} für $v = 0$: $\boxed{t_{st} = \dfrac{v_0}{g}}$

Steighöhe h_{st}: $\boxed{h_{st} = \dfrac{v_0^2}{2g}}$

Horizontaler Wurf

$y = \frac{1}{2} g t^2$

$x = v_0 t$

$y = \dfrac{g}{2 v_0^2} x^2$

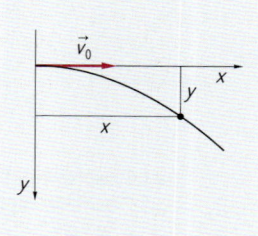

v_0 Abwurfgeschwindigkeit
g Fallbeschleunigung

Schiefer Wurf

Höhe zur Zeit t:

$y(t) = v_0 t \sin\alpha - \frac{1}{2} g t^2$

Wurfweite zur Zeit t:

$x(t) = v_0 t \cos\alpha$

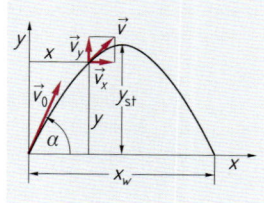

v_0 Abwurfgeschwindigkeit
g Fallbeschleunigung
α Abwurfwinkel

Wurfparabel:

$y = x \tan\alpha - \dfrac{g}{2 v_0^2 \cos^2\alpha} x^2$

y Höhe an der Stelle x

Geschwindigkeit zur Zeit t:

$v_x = v_0 \cos\alpha \qquad v = \sqrt{v_0^2 - 2gy}$

$v_y = v_0 \sin\alpha - g\,t$

Steigzeit t_{st}: $\boxed{t_{st} = \dfrac{v_0 \sin\alpha}{g}}$ Wurfzeit t_w: $\boxed{t_w = 2 t_{st}}$

Steighöhe y_{st}: $\boxed{y_{st} = \dfrac{v_0^2 \sin^2\alpha}{2g}}$ Wurfweite x_w: $\boxed{x_w = \dfrac{v_0^2 \sin 2\alpha}{g}}$

Dreh- und Kreisbewegung siehe Seite 15

1.2 Kinematik und Dynamik

Impuls und Kraft

Impuls (Bewegungsgröße) $\vec{p}$

$$\boxed{\vec{p} = m\vec{v}}$$

Betragseinheit: $1\,\text{kg m s}^{-1} = 1\,\text{N s}$

m (momentane) Masse
v (momentane) Geschwindigkeit

Dynamisches Grundgesetz

$$\vec{F} = \lim_{\Delta t \to 0} \frac{\Delta \vec{p}}{\Delta t} = \dot{\vec{p}}$$

$$\vec{F}_{\text{tr}} = -\dot{\vec{p}}$$

$\vec{F}$ Kraft
$\Delta \vec{p}$ Impulsänderung in der Zeit Δt
$\vec{F}_{\text{tr}}$ Trägheitskraft

Speziell $m = $ konstant:

$$\boxed{\vec{F} = m\vec{a}}$$ (2. Axiom von Newton)

$$\vec{F}_{\text{tr}} = -m\vec{a}$$

$\vec{F}$ Kraft, die eine Beschleunigung $\vec{a}$ eines Körpers der Masse m bewirkt
$\vec{F}_{\text{tr}}$ Trägheitskraft (im beschleunigten Bezugssystem)

Speziell $\vec{F} = 0$: $\vec{a} = 0$
$\vec{v} = $ konstant *(1. Axiom von Newton)*

Speziell $a = g$: $\boxed{F_G = mg}$

F_G Gewichtskraft
g Fallbeschleunigung

Kraftstoß $\vec{F}_m \cdot \Delta t$

$\vec{F}_m \, \Delta t = \Delta \vec{p}$
$\Delta \vec{p} = \vec{p}(t_2) - \vec{p}(t_1)$

In einem abgeschlossenen System ist der Gesamtimpuls zeitlich konstant.
(Impulserhaltungssatz)

Betragseinheit: $1\,\text{N s}$

$\Delta \vec{p}$ Änderung des Impulses eines Körpers in der Zeit $\Delta t = t_2 - t_1$
$\vec{F}_m$ mittlere Kraft auf den Körper in der Zeit Δt
$\vec{p}(t_1)$ bzw. $\vec{p}(t_2)$ Impuls zur Zeit t_1 bzw. t_2

Arbeit, Energie, Leistung

Mechanische Arbeit ΔW

Einheit: $1\,\text{N m} = 1\,\text{W s} = 1\,\text{Joule J}$

1. Geradlinige Bahn und $\vec{F} = $ konstant:

$$\boxed{\Delta W = \vec{F}\,\vec{s}}$$

Speziell $\vec{F} \uparrow\uparrow \vec{s}$: $\boxed{\Delta W = F s}$

Speziell $F = F_G$; $s = h$: $\boxed{\Delta W = F_G h}$ (Hubarbeit)

$\vec{F}$ Kraft auf einen Körper
$\vec{s}$ Weg

F_G Gewichtskraft
h Hubhöhe

2. $F = D s$:

$$\boxed{\Delta W = \frac{1}{2} D s^2}$$ (Spannarbeit)

F Spannkraft an der Feder bei der Verformung s
D Richtgröße (Federkonstante, siehe S. 5)

3. $\vec{F} = m\vec{a}$ und $v_0 = 0$:

$$\boxed{\Delta W = \frac{1}{2} m v^2}$$ (Beschleunigungsarbeit)

a Beschleunigung,
v_0 Anfangsgeschwindigkeit
m Masse,
v Endgeschwindigkeit

1 Mechanik des Massenpunktes und der festen Körper

Mechanische Energie W

$\Delta W = W(t_2) - W(t_1)$

In einem abgeschlossenen System ist die Gesamtenergie zeitlich konstant.
(Energieerhaltungssatz)

$W = W_{pot} + W_{kin}$

$W_{kin} = W_{trans} + W_{rot}$

Potentielle Energie in einem homogenen Gravitationsfeld:

$$W_{pot} = F_G h$$

Potentielle Energie einer gespannten Feder:

$$W_{pot} = \frac{1}{2} D s^2$$

Translationsenergie:

$$W_{trans} = \frac{1}{2} m v^2$$

Einheit: wie Arbeit ΔW

ΔW Energieänderung eines Körpers in der Zeit $\Delta t = t_2 - t_1$
ΔW Arbeit in der Zeit Δt, die der Körper verrichtet bzw. die an ihm verrichtet wird
$W(t_1)$ bzw. $W(t_2)$ Energie zur Zeit t_1 bzw. t_2

W_{pot} potentielle Energie
W_{kin} kinetische Energie
W_{rot} Rotationsenergie (S. 18)

F_G Gewichtskraft
h Höhe

D Federkonstante
s Verformung der Feder

m Masse
v Geschwindigkeit

Leistung P

$$\vec{P} = \vec{F} \vec{v}$$

$$\overline{P} = \frac{\Delta W}{t}$$

Einheit: $1\,\frac{J}{s} = 1\,\frac{Nm}{s} = 1\,\text{Watt}\,W$

$\vec{F}$ Kraft auf einen Körper mit der Geschwindigkeit $\vec{v}$
$\overline{P}$ mittlere Leistung in der Zeit t
ΔW Arbeit in der Zeit t

Wirkungsgrad η

$\eta = \dfrac{\Delta W_{nutz}}{\Delta W_{zu}}$ $(0 < \eta < 1)$

$\eta = \dfrac{\overline{P}_{nutz}}{\overline{P}_{zu}}$

$\eta = \eta_1 \eta_2 \ldots \eta_n$

ΔW_{nutz} Nutzarbeit
ΔW_{zu} zugeführte Arbeit

$\overline{P}_{nutz}$ mittlere Nutzleistung
$\overline{P}_{zu}$ mittlere zugeführte Leistung

$\eta_1, \eta_2, \ldots \eta_n$ Einzelwirkungsgrade der hintereinandergeschalteten Maschinen

Zentraler gerader Stoß

Impulserhaltungssatz

$m_1 \vec{v}_{1a} + m_2 \vec{v}_{2a} = m_1 \vec{v}_{1e} + m_2 \vec{v}_{2e}$

m_1, m_2 Massen der Körper
$\vec{v}_{1a}, \vec{v}_{2a}$ Geschwindigkeiten vor dem Stoß
$\vec{v}_{1e}, \vec{v}_{2e}$ Geschwindigkeiten nach dem Stoß

Energieerhaltungssatz

$\dfrac{1}{2} m_1 v_{1a}^2 + \dfrac{1}{2} m_2 v_{2a}^2 = \dfrac{1}{2} m_1 v_{1e}^2 + \dfrac{1}{2} m_2 v_{2e}^2 + \Delta W_i$

ΔW_i irreversible Arbeit (nicht in potentielle oder kinetische Energie umwandelbar)

1.2 Kinematik und Dynamik

Rückstoß

$v_{1a} = v_{2a} = 0$ v_{1a}, v_{2a} Geschwindigkeiten vor dem Stoß

Elastischer Stoß

$\Delta W_i = 0$ ΔW_i irreversible Arbeit

$\vec{v}_{1e} = 2 \dfrac{m_1 \vec{v}_{1a} + m_2 \vec{v}_{2a}}{m_1 + m_2} - \vec{v}_{1a}$ m_1, m_2 Massen der Körper

$$\boxed{\vec{v}_{1e} = \dfrac{m_1 - m_2}{m_1 + m_2} \vec{v}_{1a} + \dfrac{2 m_2}{m_1 + m_2} \vec{v}_{2a}}$$

v_{1e}, v_{2e} Geschwindigkeiten nach dem Stoß

$\vec{v}_{2e} = 2 \dfrac{m_1 \vec{v}_{1a} + m_2 \vec{v}_{2a}}{m_1 + m_2} - \vec{v}_{2a}$

$$\boxed{\vec{v}_{2e} = \dfrac{2 m_1}{m_1 + m_2} \vec{v}_{1a} + \dfrac{m_2 - m_1}{m_1 + m_2} \vec{v}_{2a}}$$

Speziell $m_1 = m_2$: $\vec{v}_{1e} = \vec{v}_{2a}$; $\vec{v}_{2e} = \vec{v}_{1a}$

Speziell $\vec{v}_{2a} = \vec{0}$:

$\Delta W = W_{1a} q$; $q = \dfrac{4 m_1 m_2}{(m_1 + m_2)^2}$ ΔW übertragene Energie
                                                          W_{1a} Energie vor dem Stoß
                                                          q Stoßparameter

Speziell $m_2 \to \infty$ und $\vec{v}_{2a} = \vec{0}$ (ruhende Wand):

$\vec{v}_{1e} = -\vec{v}_{1a}$; $\vec{v}_{2e} = \vec{0}$; $\Delta \vec{p} = 2 m_1 \vec{v}_{1a}$ $\Delta \vec{p}$ Kraftstoß auf die ruhende Wand

Unelastischer Stoß

$\vec{v}_{1e} = \vec{v}_{2e} = \vec{v}$

$$\boxed{\vec{v} = \dfrac{m_1 \vec{v}_{1a} - m_2 \vec{v}_{2a}}{m_1 + m_2}}$$

$\vec{v}$ gemeinsame Geschwindigkeit der Körper nach dem Stoß

$\Delta W_i = \dfrac{1}{2} \dfrac{m_1 \cdot m_2}{m_1 + m_2} (\vec{v}_{1a} - \vec{v}_{2a})^2$ ΔW_i irreversible Arbeit

Grundgrößen der Drehbewegung

Winkelgeschwindigkeit $\vec{\omega}(t)$ eines Strahles

Betragseinheit: $1\,\text{s}^{-1}$

$\omega(t) = \lim\limits_{\Delta t \to 0} \dfrac{\Delta \varphi}{\Delta t} = \dot{\varphi}(t)$

($\vec{\omega} \parallel$ Drehachse)

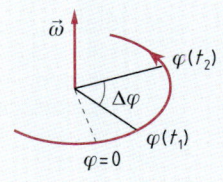

$\Delta \varphi$ Drehwinkel in der Zeit $\Delta t = t_2 - t_1$
$\Delta \varphi = \varphi(t_2) - \varphi(t_1) = \varphi(t + \Delta t) - \varphi(t)$
$\varphi(t)$ Winkelkoordinate zur Zeit t

Winkelbeschleunigung $\vec{\alpha}(t)$

Betragseinheit: $1\,\text{s}^{-2}$

$\alpha(t) = \lim\limits_{\Delta t \to 0} \dfrac{\Delta \omega}{\Delta t} = \dot{\omega}(t) = \ddot{\varphi}(t)$ $\Delta \omega$ Änderung der Winkelgeschwindigkeit in der Zeit Δt

Gleichförmige Drehbewegung eines Strahles mit konstanter Winkelgeschwindigkeit ω

$\omega = \dfrac{\varepsilon}{t}$ $\boxed{\omega = 2\pi f = \dfrac{2\pi}{T}}$

$f = \dfrac{1}{T}$; $f = \dfrac{n}{t}$

ε Drehwinkel in der Zeit t
T Umdrehungsdauer
f Drehfrequenz (*Einheit:* $1\,\text{s}^{-1}$)
  ($1\,\text{min}^{-1} = \dfrac{1}{60}\,\text{s}^{-1}$)
n Anzahl der Umdrehungen in der Zeit t

Drehbewegung mit konstanter Winkelbeschleunigung α

$\omega = \omega_0 + \alpha t$; $\omega = \sqrt{\omega_0^2 + 2\alpha\varepsilon}$

$\varepsilon = \omega_0 t + \dfrac{1}{2}\alpha t^2$; $\varepsilon = \dfrac{1}{2}(\omega_0 + \omega)t$

ω_0 Anfangswinkelgeschwindigkeit
ω Endwinkelgeschwindigkeit
ε Drehwinkel in der Zeit t

Speziell gleichförmig beschleunigte Drehbewegung aus der Ruhe: $\omega_0 = 0$

Drehbewegung mit konstanter Winkelverzögerung α

$\omega = \omega_0 - \alpha t$; $\omega = \sqrt{\omega_0^2 - 2\alpha\varepsilon}$

$\varepsilon = \omega_0 t - \dfrac{1}{2}\alpha t^2$; $\varepsilon = \dfrac{1}{2}(\omega_0 + \omega)t$

ω_0 Anfangswinkelgeschwindigkeit
ω Endwinkelgeschwindigkeit
ε Drehwinkel in der Zeit t

Speziell Bremsbewegung bis zum Stillstand: $\omega = 0$

$\omega_0 = \alpha t_{br}$; $\omega_0 = \sqrt{2\alpha\varepsilon_{br}}$

$\varepsilon_{br} = \dfrac{1}{2}\alpha t_{br}^2$; $\varepsilon_{br} = \dfrac{1}{2}\omega_0 t_{br}$

t_{br} Bremszeit
ε_{br} Bremswinkel

Allgemeine Kreisbewegung eines Massenpunktes

$s = r\varepsilon$

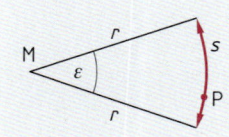

s Weg auf der Kreiskurve in der Zeit t
r Kreisradius
ε Drehwinkel

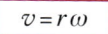
$\boxed{v = r\omega}$

$a_p = r\omega^2 = \dfrac{v^2}{r}$; $(\vec{a}_p \uparrow\downarrow \vec{r})$

$a_t = r\alpha$

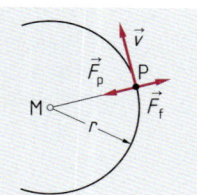

ω Winkelgeschwindigkeit des Radius $\overrightarrow{MP} = \vec{r}$
v Umlaufgeschwindigkeit (Tangentialgeschwindigkeit, Umfangsgeschwindigkeit)
a_p Zentripetalbeschleunigung
a_t Tangentialbeschleunigung
α Winkelbeschleunigung
m Masse des umlaufenden Massenpunktes

$\boxed{F_p = m r \omega^2 = \dfrac{m v^2}{r}}$

$\vec{F}_f = -\vec{F}_p$

$F_f = F_p$

F_p Zentripetalkraft

$\vec{F}_f$ Zentrifugalkraft (Fliehkraft im rotierenden Bezugssystem)

1.2 Kinematik und Dynamik

Gleichförmige Kreisbewegung eines Massenpunktes mit konstanter Kreisfrequenz ω

$\omega = 2\pi f = \dfrac{2\pi}{T}$

$f = \dfrac{n}{t}$

$\tan\alpha = \dfrac{v^2}{rg}$

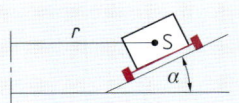

T Umlaufdauer
f Umlauffrequenz
n Anzahl der Umläufe in der Zeit t

α Überhöhungswinkel einer Kurve mit dem Radius r, die von einem Fahrzeug mit der Geschwindigkeit v durchfahren wird

Rotierender starrer Körper mit raumfester Drehachse

Trägheitsmoment J
in Bezug auf eine Drehachse

Einheit: 1 kg m²

$J = \lim\limits_{\substack{\Delta m_i \to 0 \\ n \to \infty}} \sum\limits_{i=1}^{n} r_i^2 \Delta m_i = \int\limits_m r^2 \, dm$

$J = m\, r_t^2$

$J = J_S + m s^2$
(Satz von Steiner)

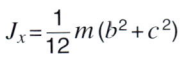

r_i Abstand des Massenelementes Δm_i von der Drehachse
m Masse des Körpers
r_t Trägheitsradius
J_S Trägheitsmoment für eine Achse durch den Schwerpunkt S
J Trägheitsmoment bezüglich der zur Schwerpunktsachse parallelen Drehachse im Abstand s

$J_x = \dfrac{1}{2} m R^2$

$J_y = \dfrac{1}{12} m (l^2 + 3R^2)$

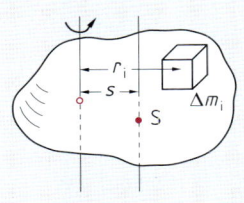

R Radius des Vollzylinders
l Länge (Höhe)

$J_x = \dfrac{1}{2} m (R^2 + r^2)$

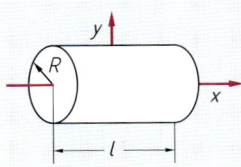

r innerer Radius des Hohlzylinders
R äußerer Radius

$J_x = \dfrac{2}{5} m R^2$

$J_y = J_x$

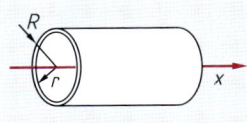

R Kugelradius

$J_x = \dfrac{1}{12} m (b^2 + c^2)$

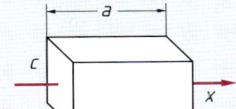

a, b, c Kantenlängen des Quaders

1 Mechanik des Massenpunktes und der festen Körper

Drehimpuls (Drall) $\vec{L}$

$$\boxed{\vec{L} = J\vec{\omega}}$$

Betragseinheit: $1\,\text{kg}\,\text{m}^2\,\text{s}^{-1} = 1\,\text{Nms}$

J (momentanes) Trägheitsmoment
$\vec{\omega}$ (momentane) Winkelgeschwindigkeit

Dynamisches Grundgesetz

$$\vec{M} = \lim_{\Delta t \to 0} \frac{\Delta \vec{L}}{\Delta t} = \dot{\vec{L}}$$

$\Delta \vec{L}$ Drehimpulsänderung in der Zeit Δt
$\vec{M}$ Drehmoment

Speziell $J = $ konstant:

$$\boxed{\vec{M} = J\vec{\alpha}}$$

$\vec{M}$ Drehmoment, das die Winkelbeschleunigung $\vec{\alpha}$ eines Körpers mit dem Trägheitsmoment J bewirkt

Drehstoß $\vec{M}_m \cdot \Delta t$

$$\vec{M}_m \Delta t = \Delta \vec{L}$$
$$\Delta \vec{L} = \vec{L}(t_2) - \vec{L}(t_1)$$

$\Delta \vec{L}$ Änderung des Drehimpulses eines Körpers in der Zeit $\Delta t = t_2 - t_1$
$\vec{M}_m$ mittleres Drehmoment auf den Körper in der Zeit Δt

Speziell $\vec{M}_m = \vec{0}$:
$$\vec{L}(t_2) = \vec{L}(t_1) \quad \text{(Drehimpulserhaltungssatz)}$$
$J\vec{\omega} = $ konstant

$\vec{L}(t_1)$ bzw. $\vec{L}(t_2)$ Drehimpuls zur Zeit t_1 bzw. t_2
$\vec{\omega}$ momentane Winkelgeschwindigkeit
J momentanes Trägheitsmoment

Drehleistung P_rot

$$P_\text{rot} = \vec{M}\,\vec{\omega}$$

Einheit: 1 W

$\vec{M}$ Drehmoment

Rotationsenergie W_rot

$$\boxed{W_\text{rot} = \frac{1}{2} J \omega^2}$$

Einheit: 1 J

J Trägheitsmoment

Corioliskraft $\vec{F}_C$

$$\vec{F}_C = 2m(\vec{v} \times \vec{\omega})$$
$$x = \frac{2}{3} h t\, \omega_E \cos\varphi$$
$$\omega_E = 7{,}27 \cdot 10^{-5}\,\text{s}^{-1}$$

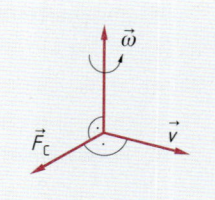

$\vec{\omega}$ Winkelgeschwindigkeit eines rotierenden Bezugssystems
$\vec{v}$ Geschwindigkeit eines Punktes der Masse m relativ zu diesem System
x Ostabweichung beim freien Fall aus der Höhe h in der Zeit t
φ geogr. Breite
ω_E Winkelgeschwindigkeit der Erde

1.3 Gravitation und Satellitenbewegung

Gravitation

Anziehungskraft F zwischen zwei Massenpunkten

$$F = G \frac{m_1 m_2}{r^2}$$ (Gravitationsgesetz von Newton)

m_1, m_2 Massen
r Abstand der Massenpunkte
G Gravitationskonstante

$G = 6{,}673 \cdot 10^{-11} \, \dfrac{\text{m}^3}{\text{kg s}^2}$

Gravitationsbeschleunigung $a\,(r)$ im Abstand r vom Massenmittelpunkt eines Zentralkörpers

$a\,(r) = \dfrac{G m_0}{r^2}$ $(r \geq r_0)$

$a\,(r) = a_0 \dfrac{r_0^2}{r^2}$

$a_0 = G \dfrac{m_0}{r_0^2}$

m_0 Masse des Zentralkörpers
r_0 (mittlerer) Radius des Zentralkörpers
a_0 Gravitationsbeschleunigung auf der Oberfläche des Zentralkörpers

Bei Vernachlässigung der Rotation des Zentralkörpers kann die Gravitationsbeschleunigung a durch die Fallbeschleunigung g ersetzt werden:

$a\,(r) \approx g\,(h) = g_0 \left(\dfrac{r_0}{r_0 + h} \right)^2$

Speziell Erde: $g_0 = 9{,}81 \, \text{m/s}^2$; $r_0 = 6370$ km

$F_G(h) = m\,g\,(h)$

$g\,(h)$ Fallbeschleunigung in der Höhe h über der Oberfläche des Zentralkörpers
g_0 Fallbeschleunigung an der Oberfläche des Zentralkörpers
r_0 mittlerer Radius des Zentralkörpers
$F_G(h)$ Gewichtskraft in der Höhe h

Satellitenbewegung im Gravitationsfeld eines Zentralkörpers

Kreisbahn (Zentralkörper im Mittelpunkt)

$v\,(r) = \sqrt{r\,a\,(r)} = \sqrt{\dfrac{G m_0}{r}}$

$T\,(r) = 2\pi \sqrt{\dfrac{r}{a\,(r)}}$

$v\,(r)$ Kreisbahngeschwindigkeit im Abstand r vom Mittelpunkt des Zentralkörpers mit der Masse m_0
$T\,(r)$ Umlaufdauer
G Gravitationskonstante

Speziell Erde und $r = r_0$:

$v_{gr} = 7{,}9$ km/s   (1. kosmische Geschwindigkeit)

r_0 mittlerer Radius des Zentralkörpers
v_{gr} Grenzgeschwindigkeit

Ellipsenbahn

1. Gesetz von Kepler: Satelliten bewegen sich auf Ellipsenbahnen, wobei ein Brennpunkt der Massenmittelpunkt des Zentralkörpers ist.

2. Gesetz von Kepler: Der Fahrstrahl vom Massenmittelpunkt des Zentralkörpers zum Satelliten überstreicht in gleichen Zeiten gleiche Flächen.

3. Gesetz von Kepler: Die Quadrate der Umlaufzeiten verschiedener Satelliten eines Zentralkörpers verhalten sich wie die dritten Potenzen der großen Halbachsen ihrer Bahnellipsen.

1 Mechanik des Massenpunktes und der festen Körper

Parabelbahn

$$v_f(r) = \sqrt{2\,r\,a(r)} = \sqrt{\frac{2Gm_0}{r}}$$

$v_f(r)$ Abschussgeschwindigkeit aus einer Kreisbahn um den Zentralkörper mit dem Radius r
G Gravitationskonstante

Speziell Erde und $r = r_0$:
$v_f = 11{,}2$ km/s   (*2. kosmische Geschwindigkeit*)

r_0 mittlerer Radius des Zentralkörpers
v_f Fluchtgeschwindigkeit

Überführungsarbeit ΔW

$$\Delta W = G m m_0 \left(\frac{1}{r_1} - \frac{1}{r_2} \right)$$

r_1 Abstand der Massenmittelpunkte eines Satelliten der Masse m und eines Zentralkörpers der Masse m_0 am Anfang
r_2 Abstand nach der Überführung

1.4 Relativitätsmechanik für Inertialsysteme

Lorentz-Tranformation ($v < c$)

$$x = \frac{x' + v\,t'}{\sqrt{1-\beta^2}}\,; \qquad x' = \frac{x - v\,t}{\sqrt{1-\beta^2}}$$

$$t = \frac{t' + \frac{x'v}{c^2}}{\sqrt{1-\beta^2}}\,; \qquad t' = \frac{t - \frac{xv}{c^2}}{\sqrt{1-\beta^2}}$$

$$u = \frac{u' + v}{1 + \frac{u'v}{c^2}}\,; \qquad u' = \frac{u - v}{1 - \frac{uv}{c^2}}\,; \qquad \beta = \frac{v}{c}$$

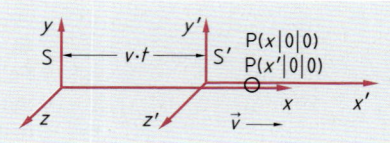

x bzw. u Ort bzw. Geschwindigkeit eines Punktes P im System S zur Zeit t
x' bzw. u' Ort bzw. Geschwindigkeit desselben Punktes P im System S' zur Zeit t'
v konstante Geschwindigkeit des Systems S' gegen S
$c = 2{,}9979 \cdot 10^8$ m/s Vakuumlichtgeschwindigkeit

Galilei-Transformation ($v \ll c$)

$x = x' + v\,t\,; \qquad x' = x - v\,t$
$t = t'\,; \qquad t' = t$
$u = u' + v\,; \qquad u' = u - v$

Zeitdilatation

Zeitdauer Δt eines Vorganges an einer Stelle für einen relativ zu dieser Stelle bewegten Beobachter:

$$\Delta t = \frac{\Delta t_0}{\sqrt{1-\beta^2}}\,; \qquad \beta = \frac{v}{c}$$

v Geschwindigkeit des Beobachters relativ zu dieser Stelle
Δt_0 Dauer des Vorganges für einen relativ zu dieser Stelle ruhenden Beobachter (**Eigenzeit**)

1.4 Relativitätsmechanik für Inertialsysteme

Längenkontraktion
Länge Δx einer Strecke für einen relativ zu dieser Strecke in x-Richtung bewegten Beobachter:

$\Delta x = \Delta x_0 \sqrt{1-\beta^2}; \quad \beta = \dfrac{v}{c}$

v Geschwindigkeit des Beobachters in x-Richtung relativ zu dieser Stelle
Δx_0 Länge dieser Strecke für einen relativ zu dieser Strecke ruhenden Beobachter (**Ruhelänge**)

Masse m
eines Körpers oder Teilchens für einen relativ dazu bewegten Beobachter:

$\boxed{m = \dfrac{m_0}{\sqrt{1-\beta^2}}} \quad \beta = \dfrac{v}{c}$

v Geschwindigkeit des Beobachters relativ zu diesem Körper oder Teilchen
m_0 Masse des Körpers oder Teilchens für einen relativ dazu ruhenden Beobachter (**Ruhemasse**)

Impuls $\vec{p}$

$\vec{p} = m\vec{v}$

m Masse
$\vec{v}$ Geschwindigkeit relativ zum Beobachter

Energie W

$\boxed{W = mc^2}$ (Äquivalenzprinzip von Einstein)

$W = \sqrt{p^2 c^2 + W_0^2}$

m Masse
c Vakuumlichtgeschwindigkeit
W_0 Ruheenergie
p Impuls

Ruheenergie W_0

$W_0 = m_0 c^2$

m_0 Ruhemasse

Translationsenergie W_{trans}

$W_{trans} = (m - m_0) c^2$

$\boxed{W_{trans} = W - W_0}$

m Masse
m_0 Ruhemasse
W Energie

Energieänderung ΔW
bei der Massenänderung Δm

$\Delta W = \Delta m \, c^2$

c Vakuumlichtgeschwindigkeit

2 Mechanik der Flüssigkeiten und Gase

2.1 Ruhende Fluide

Druckgrößen

Druck p

$$p = \frac{\Delta F}{\Delta A}$$

Einheit: $1\,N/m^2 = 1\,Pascal\,Pa$
$1\,Bar\,bar = 10^5\,Pa$

ΔF Druckkraft auf die Fläche ΔA (senkrecht zur Fläche)

Kompressionsmodul K

$$K = p \Big/ \left(\frac{\Delta V}{V}\right)$$

Speziell Wasser:
$K = 2 \cdot 10^9\,N/m^2$

Einheit: $1\,N/m^2$

p ist der Druck auf einen Fluidkörper, der nötig ist, um die relative Volumänderung $\Delta V/V$ aufrechtzuerhalten.

Hydrostatischer Druck p
in einer Flüssigkeit mit freier Oberfläche

$p = \varrho g h + p_{atm}$

h Höhe der Flüssigkeitsoberfläche über der Stelle mit dem Druck p
p_{atm} atmosphärischer Luftdruck auf die Oberfläche

Schweredruck p_G

$$p_G = \varrho g h$$

ϱ Flüssigkeitsdichte
g Fallbeschleunigung

Druckkraft F
auf eine horizontale Boden- bzw. Deckfläche A

$F = A \varrho g h$

h Höhe der Flüssigkeitsoberfläche über der Boden- bzw. Deckfläche

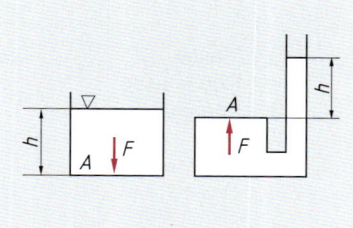

Hydraulischer Druck p
an jeder Stelle der Flüssigkeit

$p = \dfrac{F_1}{A_1} = \dfrac{F_2}{A_2}$

$F_2 = \dfrac{A_2}{A_1} \cdot F_1$

F_1 Kraft auf die Kolbenfläche A_1
F_2 Kraft auf die Kolbenfläche A_2

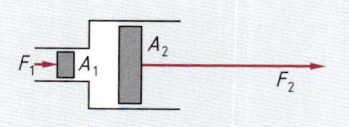

2.1 Ruhende Fluide / 2.2 Strömende Fluide

Auftrieb und Schwimmen

Auftriebskraft F_A

$$F_A = \varrho \, g \, V'_K$$

(Gesetz von Archimedes)

Schwimmbedingung ($\varrho_K < \varrho$):

$F_G = F_A$

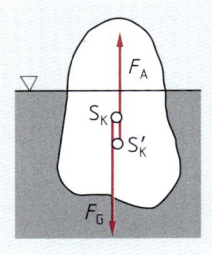

V'_K Teil des Körpervolumens, der sich in einer Flüssigkeit oder einem Gas der Dichte ϱ befindet
g Fallbeschleunigung
S_K bzw. S'_K Schwerpunkt des Gesamtkörpers bzw. des eingetauchten Teiles
F_G Gewichtskraft des Körpers
ϱ_K Dichte des schwimmenden Körpers

Scheinbare Gewichtskraft F'_G eines Körpers:

$F'_G = F_G - F_A$ ($\varrho_K > \varrho$)

F_G (absolute) Gewichtskraft des Körpers
F_A Auftriebskraft des Körpers in einer Flüssigkeit oder einem Gas
ϱ Dichte der Flüssigkeit oder des Gases

Gasdruck und Luftdruck

Gesetz von Boyle-Mariotte

$$p_1 V_1 = p_2 V_2 \qquad \text{(Temperatur konstant)}$$

$p_1 : p_2 = \varrho_1 : \varrho_2$

V_1 bzw. V_2 Volumen des Gases beim absoluten Druck p_1 bzw. p_2 und bei der Dichte ϱ_1 bzw. ϱ_2

Barometrische Höhenformel

für konstante Temperatur ϑ

$$p_2 = p_1 \, e^{-\frac{\varrho_1 g}{p_1}(h_2 - h_1)}$$

$$h_2 = h_1 + \frac{p_1}{\varrho_1 g} \ln \frac{p_1}{p_2}$$

p_1 bzw. p_2 atmosphärischer Luftdruck in der Höhe h_1 bzw. h_2
ϱ_1 Luftdichte in der Höhe h_1
g Fallbeschleunigung

Speziell $\vartheta = 0\,°C$:

$$h_2 = h_1 + 18{,}4 \text{ km} \cdot \lg \frac{p_1}{p_2}$$

2.2 Strömende Fluide

Für strömende Gase gelten die gleichen Gesetze wie für strömende Flüssigkeiten, wenn die Strömungsgeschwindigkeit kleiner ist als die Ausbreitungsgeschwindigkeit des Schalls in diesem Gas.

Stationäre Strömung

Kontinuitätsgleichung

$$v_1 : v_2 = A_2 : A_1$$

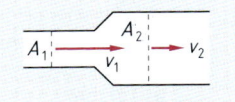

v_1 bzw. v_2 Strömungsgeschwindigkeit in der Querschnittsfläche A_1 bzw. A_2

2 Mechanik der Flüssigkeiten und Gase

Gesetz von Bernoulli

$$p_1 + \frac{1}{2}\varrho v_1^2 + h_1 \varrho g = p_2 + \frac{1}{2}\varrho v_2^2 + h_2 \varrho g + \Delta p_R$$

Speziell horizontale und reibungsfreie Strömung:

$$\boxed{p_1 + \frac{1}{2}\varrho v_1^2 = p_2 + \frac{1}{2}\varrho v_2^2}$$

$$p + \frac{1}{2}\varrho v^2 = p_{ges} = \text{konstant}$$

$$p_d = \frac{1}{2}\varrho v^2$$

p_1 bzw. p_2 statischer Druck im strömenden Medium
v_1 bzw. v_2 Strömungsgeschwindigkeit
h_1 bzw. h_2 Ortshöhe an der 1. und 2. Messstelle
Δp_R Druckverlust zwischen den Messstellen durch Reibung
ϱ Dichte
p_{ges} Gesamtdruck
p statischer Druck
p_d Staudruck oder dynamischer Druck

Gesetz von Torricelli

$$\boxed{v = \sqrt{2gh}}$$

v Ausströmgeschwindigkeit einer Flüssigkeit aus einem offenen Gefäß
h Höhe der Flüssigkeitsoberfläche über der (idealen) Ausflussöffnung

Viskosität

Reibungskraft F_R
auf eine ebene Platte mit einer benetzten Oberfläche A, die durch eine Flüssigkeit oder ein Gas gezogen wird

$$F_R = \eta A \frac{v}{d}$$

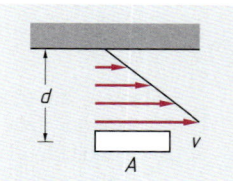

v (kleine, konstante) Geschwindigkeit
d (kleiner, konstanter) Abstand der Platte von den Gefäßwänden

η dynamische Vikosität

Einheit: $1\,\text{Pa}\,\text{s} = 1\,\dfrac{\text{N}\,\text{s}}{\text{m}^2} = 1\,\dfrac{\text{kg}}{\text{m}\,\text{s}}$

Gesetz von Hagen-Poiseuille
für eine stationäre Flüssigkeitsströmung durch ein Rohr

$$V = \frac{r^4 \pi \Delta p}{8 \eta l} t$$

V Volumen, das in der Zeit t durch ein Rohr mit dem Radius r strömt
Δp Druckunterschied über die Rohrlänge l

Gesetz von Stokes
für die Bewegung einer Kugel in einer Flüssigkeit oder einem Gas

$$F_R = 6\pi \eta r v$$

F_R Reibungskraft
r (kleiner) Radius
v (kleine, konstante) Relativgeschwindigkeit zwischen Kugel und Medium
η dynamische Viskosität des Mediums

Körper in turbulenter Strömung

Strömungswiderstandskraft F_W

$F_W = c_W A_0 \frac{1}{2} \varrho v^2$

- A_0 Stirnfläche des Körpers
- ϱ Dichte des Mediums
- c_W Widerstandskoeffizient
- v Relativgeschwindigkeit des Körpers gegenüber dem Medium

Dynamische Auftriebskraft F_A

$F_A = c_A A \frac{1}{2} \varrho v^2$

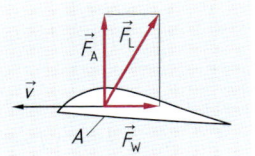

- c_A Auftriebskoeffizient
- A größte Projektionsfläche des Tragflügels
- v Geschwindigkeit des Tragflügels in der Luft

Luftkraft $\vec{F}_L$

$\vec{F}_L = \vec{F}_W + \vec{F}_A$

3 Mechanische Schwingungen und Wellen. Akustik

Grundgrößen

Rücktreibende Kraft $F_{r,x}$

$F_{r,x} = -Dx$

- D Richtgröße (siehe S. 5)
- x Elongation (Ort)

Kreisfrequenz ω

Einheit: $1\,\text{s}^{-1}$

$\boxed{\omega = 2\pi f;\quad \omega = \frac{2\pi}{T}}$

- f Frequenz
- T Periodendauer

Frequenz f

Einheit: $1\,\text{s}^{-1} = 1\,\text{Hertz Hz}$

$f = \frac{n}{t};\quad f = \frac{1}{T};\quad f = \frac{\omega}{2\pi}$

- n Anzahl der Schwingungen in der Zeit t
- T Periodendauer

Periodendauer T

$\boxed{T = \frac{1}{f};\quad T = \frac{2\pi}{\omega}}$

- f Frequenz
- ω Kreisfrequenz

Schwingungsenergie W

$W = W_{\text{trans}} + W_{\text{pot}} = \frac{1}{2} m v_x^2 + \frac{1}{2} D x^2$

- W_{trans} Translationsenergie
- W_{pot} potentielle Energie
- D Richtgröße
- x Elongation
- m Masse
- v_x Geschwindigkeit

3 Mechanische Schwingungen und Wellen. Akustik

3.1 Ungedämpfte Längsschwingungen

Ort (Elongation, Auslenkung) $x(t)$

$$x(t) = \hat{x}\sin(\omega t + \varphi_0)$$

$\hat{x}$ Schwingungsweite (Amplitude)
t Zeit
ω Kreisfrequenz
φ_0 Nullphasenwinkel

Phasenwinkel $\varphi(t)$

$$\varphi(t) = \omega t + \varphi_0$$

ω Kreisfrequenz
t Zeit
φ_0 Nullphasenwinkel

Geschwindigkeit $v_x(t)$

$$v_x(t) = \hat{v}_x \cos(\omega t + \varphi_0)$$
$$\hat{v}_x = \hat{x}\,\omega$$

$\hat{v}_x$ Geschwindigkeitsamplitude (maximale Geschwindigkeit)
$\hat{x}$ Amplitude (maximale Elongation)

Beschleunigung $a_x(t)$

$$a_x(t) = -\hat{a}_x \sin(\omega t + \varphi_0)$$
$$\hat{a}_x = \hat{x}\,\omega^2$$

$\hat{a}_x$ Beschleunigungsamplitude (maximale Beschleunigung)

Richtgröße D

$$D = m\,\omega^2$$

m Masse
ω Kreisfrequenz

Frequenz f

$$f = \frac{1}{2\pi}\sqrt{\frac{D}{m}}$$

D Richtgröße
m Masse

Periodendauer T

$$T = 2\pi\sqrt{\frac{m}{D}}$$

D Richtgröße
m Masse

Speziell Fadenpendel (mathematisches Pendel):

$$T = 2\pi\sqrt{\frac{l}{g}}$$

T Periodendauer für kleine Amplituden
l Pendellänge
g Fallbeschleunigung

Speziell U-Rohr:

$$T = 2\pi\sqrt{\frac{l}{2g}}$$

l Länge der gesamten Flüssigkeitssäule

3.1 Ungedämpfte Längsschwingungen

Überlagerung von parallelen Längsschwingungen[1]

Überlagerung von Schwingungen gleicher Kreisfrequenz ω (Interferenz)

1. Schwingung: $x_1(t) = \hat{x}_1 \sin \varphi_1 = \hat{x}_1 \sin(\omega t + \varphi_{0,1})$
2. Schwingung: $x_2(t) = \hat{x}_2 \sin \varphi_2 = \hat{x}_2 \sin(\omega t + \varphi_{0,2})$

x_1 bzw. x_2 Auslenkung,
$\hat{x}_1$ bzw. $\hat{x}_2$ Amplitude der 1. bzw. 2. Schwingung
$\hat{x}$ Amplitude der resultierenden Schwingung
φ_1 bzw. φ_2 Phasenwinkel
$\varphi_{0,1}$ bzw. $\varphi_{0,2}$ Nullphasenwinkel der 1. bzw. 2. Schwingung

Resultierende Schwingung:

$x(t) = x_1(t) + x_2(t)$

$x(t) = \hat{x} \sin \varphi = \hat{x} \sin(\omega t + \varphi_0)$

$\hat{x} = \sqrt{\hat{x}_1^2 + \hat{x}_2^2 + 2\hat{x}_1 \hat{x}_2 \cos(\varphi_{0,2} - \varphi_{0,1})}$

$\tan \varphi_0 = \dfrac{\hat{x}_1 \sin \varphi_{0,1} + \hat{x}_2 \sin \varphi_{0,2}}{\hat{x}_1 \cos \varphi_{0,1} + \hat{x}_2 \cos \varphi_{0,2}}$

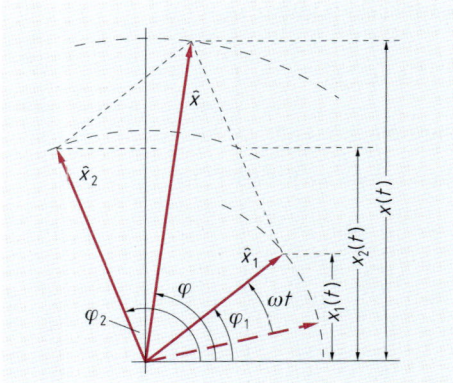

Speziell
$\varphi_{0,2} - \varphi_{0,1} = k 2\pi$, $k = 0, \pm 1, \pm 2, \ldots$:
$\hat{x} = \hat{x}_1 + \hat{x}_2$

Speziell
$\varphi_{0,2} - \varphi_{0,1} = (2k+1)\pi$, $k = 0, \pm 1, \pm 2, \ldots$:
$\hat{x} = |\hat{x}_1 - \hat{x}_2|$

Speziell Auslöschung, wenn $\hat{x}_1 = \hat{x}_2$

Überlagerung von Schwingungen gleicher Amplitude $\hat{x}_1 = \hat{x}_2 = \hat{x}$

1. Schwingung: $x_1(t) = \hat{x} \sin \varphi_1 = \hat{x} \sin(\omega_1 t + \varphi_{0,1})$
2. Schwingung: $x_2(t) = \hat{x} \sin \varphi_2 = \hat{x} \sin(\omega_2 t + \varphi_{0,2})$

x Auslenkung der resultierenden Schwingung
ω_1 bzw. ω_2 Kreisfrequenz der 1. bzw. 2. Schwingung

Resultierende Schwingung:

$x(t) = x_1(t) + x_2(t)$

$x(t) = 2\hat{x} \cos \dfrac{1}{2}[(\omega_1 - \omega_2)t + (\varphi_{0,1} - \varphi_{0,2})] \sin \dfrac{1}{2}[(\omega_1 + \omega_2)t + (\varphi_{0,1} + \varphi_{0,2})]$

Speziell $\omega_1 \approx \omega_2$: **Schwebungen**

Schwebungsfrequenz f_s:

$\boxed{f_s = |f_1 - f_2|}$

f_1 bzw. f_2 Frequenz

Periodendauer einer Schwebung:

$T_s = \left| \dfrac{T_1 T_2}{T_2 - T_1} \right|$

T_1 bzw. T_2 Periodendauer der 1. bzw. 2. Schwingung

---

[1] Harmonische Längsbewegungen

3 Mechanische Schwingungen und Wellen. Akustik

3.2 Gedämpfte Längsschwingungen

Dämpfungskraft $F_{d,x}$

$F_{d,x} = -b\dot{x} = -bv_x$

b Dämpfungskonstante
x Elongation
v_x Momentangeschwindigkeit

Abklingkoeffizient δ

Einheit: $1\,\text{s}^{-1}$

$\delta = \dfrac{b}{2m} = \dfrac{\omega_0 \Lambda}{\sqrt{4\pi^2 + \Lambda^2}}$

b Dämpfungskonstante
m Masse des Schwingers
ω_0 Kennkreisfrequenz
Λ log. Dekrement

Kennkreisfrequenz ω_0

Einheit: $1\,\text{s}^{-1}$

$\omega_0 = \sqrt{\dfrac{D}{m}}$

D Richtgröße
m Masse des Schwingers

Periodischer Fall: $0 < \delta < \omega_0$

Elongation: $x(t) = \hat{x}_0 \, e^{-\delta t} \sin(\omega_d t + \varphi_0)$

$\omega_d = \dfrac{2\pi}{T_d} = 2\pi f_d$

$\omega_d = \sqrt{\omega_0^2 - \delta^2}$

δ Abklingkoeffizient
ω_d Eigenkreisfrequenz
ω_0 Kennkreisfrequenz
φ_0 Nullphasenwinkel
$\hat{x}_0$ Amplitude für $\delta = 0$
T_d Periodendauer
f_d Frequenz

Logarithmisches Dekrement:

Einheit: 1

$\Lambda = \delta T_d = \ln \dfrac{x(t)}{x(t+T_d)}$

$x(t)$ Elongation zur Zeit t
$x(t+T_d)$ Elongation zur Zeit $t+T_d$

Aperiodischer Grenzfall: $\delta = \omega_0$

Aperiodischer Fall (Kriechfall): $\delta > \omega_0$

δ Abklingkoeffizient
ω_0 Kennkreisfrequenz

3.3 Erzwungene Längsschwingungen

Anregende Kraft $F_{a,x}$

$F_{a,x} = \hat{F}_{a,x} \sin \omega_a t$

$\hat{F}_{a,x}$ Kraftamplitude
ω_a Anregungskreisfrequenz

Speziell
Anregung über eine Feder:

$\hat{F}_{a,x} = Dr = m r \omega_0^2 = \text{konstant}$

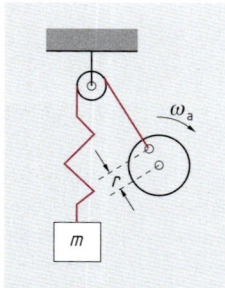

D Richtgröße
ω_0 Kennkreisfrequenz
m Masse des Schwingers
r Amplitude des oberen Federendes

3.3 Erzwungene Längsschwingungen / 3.4 Drehschwingungen

Elongation $x(t)$ im stationären Zustand

$x(t) = \hat{x}\sin(\omega_a t - \psi)$

$\hat{x}$ Amplitude
ω_a Anregungskreisfrequenz
ψ Phasenverschiebungswinkel zwischen Anregungskraft $F_{a,x}$ und Elongation x

Phasenverschiebungswinkel ψ zwischen Anregungskraft $F_{a,x}$ und Elongation x

$\tan\psi = \dfrac{2\delta\omega_a}{\omega_0^2 - \omega_a^2}$ $(0 \leq \psi \leq \pi)$

δ Abklingkoeffizient
ω_a Anregungskreisfrequenz
ω_0 Kennkreisfrequenz

Amplitude $\hat{x}(\omega_a)$

$\hat{x}(\omega_a) = \dfrac{\hat{F}_{a,x}}{\sqrt{(D - m\omega_a^2)^2 + (b\omega_a)^2}}$

$= \dfrac{\hat{F}_{a,x}}{m\sqrt{(\omega_0^2 - \omega_a^2)^2 + (2\delta\omega_a)^2}}$

$\hat{F}_{a,x}$ Anregungskraftamplitude
D Richtgröße
m Masse des Schwingers
b Dämpfungskonstante
ω_a Anregungskreisfrequenz
ω_0 Kennkreisfrequenz
δ Abklingkoeffizient

Speziell Resonanz: $\hat{x}$ maximal

$\omega_{a,\text{res}} = \sqrt{\omega_0^2 - 2\delta^2}$

$\hat{x}_{\max} = \dfrac{\hat{F}_{a,x}}{2\delta m\sqrt{\omega_0^2 - \delta^2}}$ $\psi_{\text{res}} < \dfrac{\pi}{2}$

$\omega_{a,\text{res}}$ Resonanzkreisfrequenz
ψ_{res} Phasenverschiebungswinkel zwischen Anregungskraft $F_{a,x}$ und Elongation x bei Resonanz

3.4 Drehschwingungen

Allgemeine Formeln

Die Größen der Längsbewegung werden durch die entsprechenden Größen der Drehbewegung ersetzt.

x	v	a	m	D	F	b	Linearschwingungen
φ^*	ω^*	α^*	J	D^*	M	b^*	Drehschwingungen

x Elongation, φ^* Winkelelongation, v Geschwindigkeit, ω^* Winkelgeschwindigkeit, a Beschleunigung, α^* Winkelbeschleunigung, m Masse, J Trägheitsmoment, D Richtgröße, D^* Winkelrichtgröße, F Kraft, M Drehmoment

b bzw. b^* Dämpfungskonstante   *Einheit:* 1 Ns/m bzw. 1 Nms

Torsionspendel

$T = 2\pi\sqrt{\dfrac{J}{D^*}}$

T Periodendauer
D^* Winkelrichtgröße (siehe S. 6)
J Trägheitsmoment (siehe S. 17)

Physisches Pendel

$T = 2\pi\sqrt{\dfrac{l_r}{g}}$

$l_r = \dfrac{J}{ms}$

l_r reduzierte Pendellänge
g Fallbeschleunigung
J Trägheitsmoment des Pendels in Bezug auf die Drehachse
m Pendelmasse
s Abstand des Schwerpunktes von der Drehachse

3 Mechanische Schwingungen und Wellen. Akustik

3.5 Sinuswellen

Grundgrößen

Frequenz f

$f = \dfrac{n}{t}$

$f = \dfrac{1}{T}$

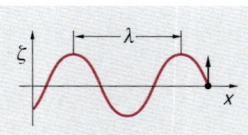

Einheit: $1\,\text{s}^{-1} = 1\,\text{Hertz Hz}$

n Anzahl einer bestimmten Wellenphase, die in der Zeit t an einer Stelle vorbeiläuft

T Periodendauer eines Teilchens des Wellenträgers

Kreisfrequenz ω

$\omega = 2\pi f$

Einheit: $1\,\text{s}^{-1}$

f Frequenz

Kreisrepetenz k

$k = 2\pi / \lambda$

Einheit: $1\,\text{m}^{-1}$

λ Wellenlänge

Ausbreitungsgeschwindigkeit (Phasengeschwindigkeit) c

$\boxed{c = \lambda f}$

Einheit: $1\,\text{m/s}$

λ Wellenlänge
f Frequenz

Bei Längswellen ist die Auslenkung ζ parallel, bei Querwellen senkrecht zur Ausbereitungsrichtung x.

Auslenkung $\zeta(x, t)$

(zur Zeit $t = 0$ bewegt sich das Teilchen am Ort $x = 0$ durch die Ruhelage in die positive ζ-Richtung)

$\zeta(x, t) = \hat{\zeta} \sin \omega \left(t - \dfrac{x}{c} \right) = \hat{\zeta} \sin(\omega t - k x)$

$\boxed{\zeta(x, t) = \hat{\zeta} \sin 2\pi \left(\dfrac{t}{T} - \dfrac{x}{\lambda} \right)}$

$\hat{\zeta}$ Amplitude (Scheitelwert der Auslenkung)
T Periodendauer
λ Wellenlänge
c Ausbreitungsgeschwindigkeit der Wellen
ω Kreisfrequenz
k Kreisrepetenz

Überlagerung von Sinuswellen

Stehende Wellen

a) Reflexion am festen Ende

Abstand l_n des n-ten Schwingungsknoten vom festen Ende:

$l_n = 2n \dfrac{\lambda}{4}$ (n = 0, 1, 2, ...)

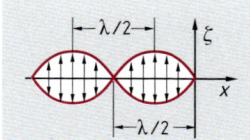

λ Wellenlänge der beiden interferierenden Wellen

b) Reflexion am freien Ende

Abstand l_n des n-ten Schwingungsknoten vom freien Ende:

$l_n = (2n + 1) \dfrac{\lambda}{4}$ (n = 0, 1, 2, ...)

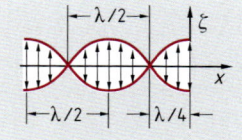

3.5 Sinuswellen

Eigenfrequenzen f_n eines begrenzten linearen Mediums (Seil, Saite, Gassäule)

a) beide Enden sind Bewegungsbäuche bzw. -knoten:

$$\boxed{f_n = \frac{c}{2l} n} \quad (r = 1, 2, 3, \ldots)$$

l Länge des linearen Mediums
c Ausbreitungsgeschwindigkeit der Wellen in diesem Medium

Speziell Grundfrequenz einer eingespannten Saite:

$$f_1 = \frac{1}{2l} \sqrt{\frac{F}{\mu}}; \quad \mu = m/l$$

l Länge der Saite
F Spannkraft
m Masse der Saite

b) ein Ende ist ein Bewegungsbauch, das andere Bewegungsknoten:

$$\boxed{f_n = \frac{c}{4l}(2n-1)} \quad (n = 1, 2, 3, \ldots)$$

Eigenfrequenzen f_n eines Quaderraumes

$$f_n^2 = \left(\frac{c}{2}\right)^2 \left[\left(\frac{n_x}{l_x}\right)^2 + \left(\frac{n_y}{l_y}\right)^2 + \left(\frac{n_z}{l_z}\right)^2\right]$$

$n_x = 0, 1, 2, \ldots; \; n_y = 0, 1, 2, \ldots; \; n_z = 0, 1, 2, \ldots$

$n_x + n_y + n_z \geq 1$

l_x Länge, l_y Breite, l_z Höhe des Quaderraumes
c Schallgeschwindigkeit in Luft

Reflexion und Brechung

siehe Seiten 63 und 64

Doppler-Effekt

	Bewegter Empfänger – ruhender Sender	Ruhender Empfänger – bewegter Sender
Annäherung	$f_E = f_S \left(1 + \dfrac{v_E}{c}\right)$	$f_E = f_S \dfrac{1}{1 - (v_S/c)}$
Entfernung	$f_E = f_S \left(1 - \dfrac{v_E}{c}\right)$	$f_E = f_S \dfrac{1}{1 + (v_S/c)}$

f_S abgestrahlte Frequenz des Senders S
f_E gemessene Frequenz beim Empfänger E
v_E bzw. v_S Geschwindigkeit des Empfängers bzw. Senders auf der gleichen Geraden
c Ausbreitungsgeschwindigkeit der Schallwellen

Mach-Kegel

$v_S > c$: $\sin \alpha = \dfrac{c}{v_S}$

$M = \dfrac{v_S}{c}$

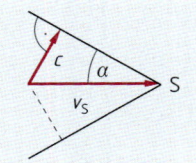

α halber Öffnungswinkel des Kopfwellenkegels (Mach-Winkel)
M Mach-Zahl
v_S Geschwindigkeit der Schallquelle

3 Mechanische Schwingungen und Wellen. Akustik

3.6 Ausbreitungsgeschwindigkeit c von mechanischen Wellen (Schallwellen)

Dehnwellen in einem Stab
(Längswellen)

$$c = \sqrt{\frac{E}{\varrho}}$$

E Elastizitätsmodul des Stabmaterials (Tab. 3)
ϱ Dichte des Stabmaterials (Tab. 2)

Biegewellen auf einer Platte
(Querwellen)

$$c = \sqrt[4]{\frac{B'}{m''}} \sqrt{\omega}$$

ω Kreisfrequenz der Wellen

B' breitenbezogene Biegesteife

Einheit: 1 N m

Speziell rechteckiger Plattenquerschnitt:

$$B' \approx \frac{1}{12} E d^3$$

E Elastizitätsmodul
d Plattendicke

m'' flächenbezogene Masse

$$m'' = \frac{m}{A} = \varrho d$$

Einheit: 1 kg/m²

m Masse
A Fläche der Platte
ϱ Dichte des Plattenmaterials

Transversalwellen auf Saiten, Seilen und Membranen
(Querwellen)

$$c = \sqrt{\frac{\sigma}{\varrho}}$$

σ Zugspannung
ϱ Dichte

Druckwellen
(Längswellen)

Flüssigkeit: $c = \sqrt{K/\varrho}$

Gas: $c = \sqrt{\dfrac{\gamma p_=}{\varrho}} = \sqrt{\gamma R_B T}$ *(Formel von Laplace)*

Speziell Luft:

$$\boxed{c = 331{,}3 \,\frac{\text{m}}{\text{s}} \sqrt{\frac{T}{T_\text{n}}}}$$

K Kompressionsmodul
ϱ Dichte
γ Verhältnis der spezifischen Wärmekapazitäten (S. 41)
$p_=$ Gasgleichdruck
       (im Abschn. 4 mit p bezeichnet)
R_B individuelle Gaskonstante (S. 39)
T Temperatur
$T_\text{n} = 273{,}15\,\text{K}$

3.7 Schallfeld in Gasen

Schalldruck p_{eff}
(Effektivwert des Schallwechseldruckes)

$$p_{\text{eff}} = \sqrt{\frac{1}{T}\int_0^T p^2(t)\, dt}$$

Speziell Sinuswellen:

$$p_{\text{eff}} = \frac{1}{2}\sqrt{2}\,\hat{p}$$

Einheit: $1\,\text{N/m}^2 = 1\,\text{Pa}$

$p(t)$ Schallwechseldruck
T Periodendauer

$\hat{p}$ Scheitelwert des Schallwechseldruckes

Schallschnelle $v_{x,\text{eff}}$
(Effektivwert der Schallwechselgeschwindigkeit)

$$v_{x,\text{eff}} = \sqrt{\frac{1}{T}\int_0^T v_x^2(t)\, dt}$$

Speziell Sinuswellen:

$$v_{x,\text{eff}} = \frac{1}{2}\sqrt{2}\,\hat{v}_x$$

Einheit: $1\,\text{m/s}$

$v_x(t)$ Schallwechselgeschwindigkeit
(Teilchengeschwindigkeit)
T Periodendauer

$\hat{v}_x$ Scheitelwert der Schallwechselgeschwindigkeit

Schallwellenwiderstand Z

$$\boxed{Z = \varrho\, c}$$

$$\boxed{Z = p_{\text{eff}}/v_{x,\text{eff}}}$$

Speziell Luft ($\vartheta = 20\,°\text{C}$, $p_{\text{atm}} = 980\,\text{hPa}$):

$$Z_{\text{Luft}} = 400\,\frac{\text{kg}}{\text{m}^2\text{s}}$$

Einheit: $1\,\dfrac{\text{kg}}{\text{m}^2\text{s}}$

ϱ Dichte
c Ausbreitungsgeschwindigkeit
p_{eff} Schalldruck
$v_{x,\text{eff}}$ Schallschnelle

p_{atm} atmosphärischer Luftdruck
ϑ Lufttemperatur

Intensität $I\,(0°)$
im freien Schallfeld eines Senders

$$I(0°) = \frac{\Delta P}{\Delta A}$$

$$I(0°) = \frac{\Delta W}{\Delta t\, \Delta A}$$

Speziell ebene Wellen:

$$I(0°) = p_{\text{eff}}\, v_{x,\text{eff}} = \frac{p_{\text{eff}}^2}{Z} = v_{x,\text{eff}}^2\, Z$$

Einheit: $1\,\text{W/m}^2$

ΔP Leistung, die das zur Ausbreitungsrichtung senkrechte Flächenelement ΔA durchsetzt
ΔW Schallenergie, die in der Zeit Δt durch das Flächenelement ΔA hindurchtritt

p_{eff} Schalldruck
$v_{x,\text{eff}}$ Schallschnelle
Z Schallwellenwiderstand

Schallpegel L in Luft

$$L_p = 20\,\text{dB}\cdot\lg\frac{p_{\text{eff}}}{2\cdot 10^{-5}\,\text{Pa}}$$

$$(L_I \approx L_p)$$

$$L_I = 10\,\text{dB}\cdot\lg\frac{I}{10^{-12}\,\text{W/m}^2}\,;\quad I = \frac{p_{\text{eff}}^2}{Z}$$

Einheit: 1 Dezibel $\text{dB} \equiv 1$

L_p Schalldruckpegel
p_{eff} Schalldruck
L_I Schallintensitätspegel für mehrere Einfallsrichtungen gleichzeitig
I Schallintensität

3 Mechanische Schwingungen und Wellen. Akustik

Überlagerung von (inkohärenten) Schallwellen

$p_{eff} = \sqrt{p_{1,eff}^2 + p_{2,eff}^2 + \cdots + p_{n,eff}^2}$

$I = I_1 + I_2 + I_3 + \cdots + I_n$

$L = 10\,dB \cdot lg(10^{0,1L_1} + 10^{0,1L_2} + \cdots + 10^{0,1L_n})$

Speziell: $I_1 = I_2 = \cdots = I_n = I_e$

$L = L_e + 10\,dB \cdot lg\,n$

$p_{i,eff}$ Schalldruck
I_i Intensität
L_i Schallpegel der i-ten Schallwelle (i = 1, 2, 3, ..., n) an einer bestimmten Stelle
p_{eff} Gesamtschalldruck
I Gesamtintensität
L Gesamtschallpegel an dieser Stelle
I_e Einzelintensität
L_e Einzelschallpegel
n Zahl der Sender, die an einer Stelle den gleichen Einzelschallpegel L_e verursachen

Mittelungspegel L_m eines zeitlich veränderlichen Geräusches

$L_m = 10\,dB \cdot lg\left(\dfrac{1}{T} \sum\limits_{i=1}^{n} t_i \cdot g_i\right)$

$T = \sum\limits_{i=1}^{n} t_i;\quad g_i = 10^{0,1L_i}$

L_i Schallpegel in der Teilzeit t_i (i = 1, 2, ..., n)
T Messzeit
g_i Gewichtsfaktor

Bewerteter Schallpegel

dB(A) statt dB

Ausbreitung von Kugelwellen in Luft (ohne Dämpfung)

$I_2 = I_1 \left(\dfrac{r_1}{r_2}\right)^2$

$L_2 = L_1 - 20\,dB \cdot lg\,\dfrac{r_2}{r_1}$

I_1 bzw. L_1 Intensität bzw. Schallpegel im Abstand r_1 vom Wellenzentrum
I_2 bzw. L_2 Intensität bzw. Schallpegel im Abstand r_2 vom Wellenzentrum

Lautstärke Λ (Lautstärkepegel L_s)

Einheit: 1 phon ≡ 1

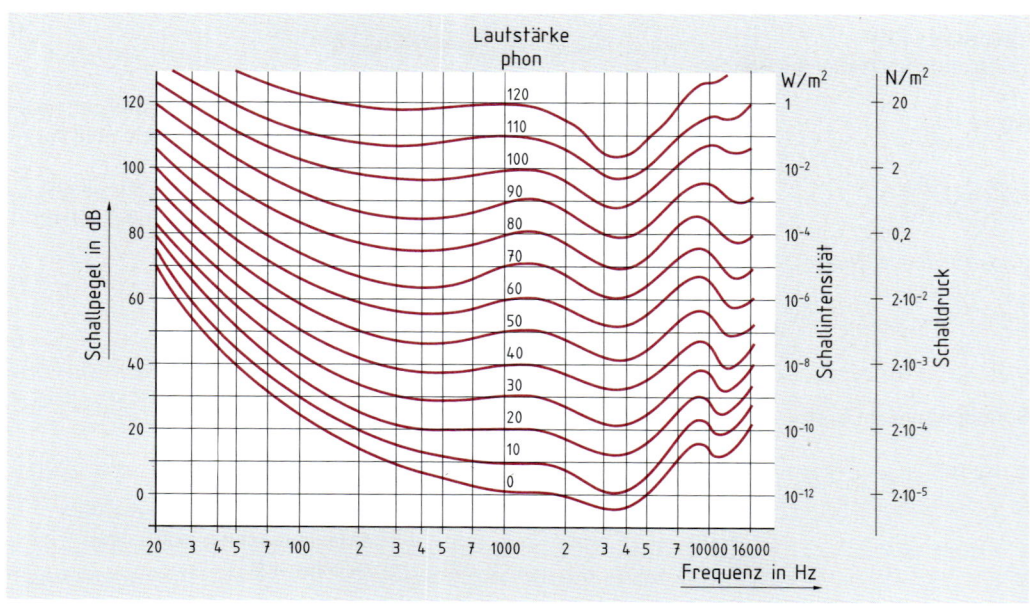

3.8 Schallschluckung und Raumakustik

Reflexionsgrad ϱ einer Fläche

$\varrho = P_r/P_a = I_r/I_a$

P_a auftreffende Leistung
P_r reflektierte Leistung

Absorptionsgrad (Schluckgrad) α einer Fläche (Tab. 7)

$\alpha = \dfrac{P_a - P_r}{P_a} = \dfrac{I_a - I_r}{I_a} = 1 - \varrho$

I_a bzw. I_r Intensität der auftreffenden bzw. reflektierten Schallwellen
ϱ Reflexionsgrad

Äquivalente Absorptionsfläche (Schluckung) A eines Raumes

$A = \alpha_1 S_1 + \alpha_2 S_2 + \cdots + n_1 A'_1 + n_2 A'_2 + \cdots$

Einheit: 1 m²

α_μ Schluckgrad der Fläche S_μ ($\mu = 1, 2, 3, \ldots$)
n_ν Anzahl gleichartiger Objekte mit der Schluckung A'_ν ($\nu = 1, 2, 3, \ldots$) (Tab. 8)

Nachhallzeit T eines Raumes

$T = 0{,}163 \, \dfrac{\text{s}}{\text{m}} \dfrac{V}{A}$ (Formel von Sabine)

A äquivalente Absorptionsfläche des Raumes (Raumschluckung)
V Raumvolumen

Schallpegelminderung $L_1 - L_2$ in einem Raum

$L_1 - L_2 = 10\,\text{dB} \cdot \lg \dfrac{T_1}{T_2}$

$L_1 - L_2 = 10\,\text{dB} \cdot \lg \dfrac{A_2}{A_1}$

T_1 Nachhallzeit bei der Raumschluckung A_1
T_2 erniedrigte Nachhallzeit durch die erhöhte Raumschluckung A_2
L_1 bzw. L_2 stationärer Schallpegel bei gleicher Senderleistung vor bzw. nach der Erhöhung der Raumschluckung

3.9 Bauakustik

Transmissionsgrad τ eines Trennbauteils

$\tau = \dfrac{P_\tau}{P_a} = \dfrac{I_\tau}{I_a}$

P_a bzw. P_τ auffallende bzw. durchgelassene Leistung
I_a bzw. I_τ Intensität der auffallenden bzw. durchgelassenen Schallwellen

Luftschalldämmmaß R

$R = 10\,\text{dB} \cdot \lg \dfrac{1}{\tau}$

$R = L_S - L_E + 10\,\text{dB} \cdot \lg \dfrac{S}{A}$

τ Transmissionsgrad
L_S Schallpegel im Senderaum
L_E Schallpegel im Empfangsraum
S Fläche des Trennbauteils
A Schluckung des Empfangsraumes

3 Mechanische Schwingungen und Wellen. Akustik

Theoretisches Massengesetz für biegeweiche Trennwände

Schalleinfall unter dem Einfallswinkel 0°:

$$R(0°) = 20\,\text{dB} \cdot \lg \frac{\omega m''}{2Z}$$

$R = R(0°) - 3\,\text{dB}$ (allseitiger Einfall)

R theoretisches Luftschalldämmmaß
m'' flächenbezogene Masse der Wand
Z Schallwellenwiderstand von Luft
ω Kreisfrequenz der Schallwellen

Grenzfrequenz f_g einer Platte

$$f_g = \frac{c_L^2}{2\pi} \sqrt{\frac{m''}{B'}} = \frac{60\,\text{Hz}}{d/\text{m}} \sqrt{\frac{\varrho}{E}} \sqrt{\frac{\text{MN/m}^2}{\text{kg/m}^3}}$$

c_L Schallgeschwindigkeit in Luft
m'' flächenbezogene Masse der Platte
B' breitenbezogene Biegesteife (S. 32)
d Plattendicke
ϱ Dichte
E Elastizitätsmodul der Platte

Eigenfrequenz f_0 eines zweischaligen Bauteils

$$f_0 = \frac{1}{2\pi} \sqrt{s'\left(\frac{1}{m_1''} + \frac{1}{m_2''}\right)}$$

m_1'', m_2'' flächenbezogene Massen der einzelnen Schalen

s' dynamische Steifigkeit der Zwischenschicht
$s' = E/a$

Einheit: $1\,\text{N/m}^3$

E dynamischer Elastizitätsmodul
a Schichtdicke

Speziell Luft:

$$f_0 = 60\,\text{Hz} \sqrt{\frac{1}{a}\left(\frac{1}{m_1''} + \frac{1}{m_2''}\right)} \sqrt{\text{m}\,\frac{\text{kg}}{\text{m}^2}}$$

a Luftschichtdicke
m_1'', m_2'' flächenbezogene Massen der einzelnen Schalen

Norm-Trittschallpegel L_n

$L_n = L_T + 10\,\text{dB} \cdot \lg(A/A_0)$

$A_0 = 10\,\text{m}^2$ (Wohnräume)

L_T Trittschallpegel im Empfangsraum
A Schluckung des Empfangsraumes
A_0 Bezugs-Schallschluckung

4 Kalorik

4.1 Volumenänderung bei Temperaturänderung

(Absolute) Temperatur[1] T | *Einheit:* **1 Kelvin K**

(Celsius-)Temperatur ϑ | *Einheit:* 1 Grad Celsius °C

$$\vartheta = \left(\frac{T}{K} - 273{,}15\right) \text{°C}; \quad T = \left(\frac{\vartheta}{\text{°C}} + 273{,}15\right) \text{K}$$

Temperaturdifferenz $\Delta\vartheta$ bzw. ΔT | *Einheit:* 1 K

$\Delta\vartheta = \Delta T$

Längenänderung Δl fester Körper

$\boxed{\Delta l = l_1\, \alpha\, \Delta\vartheta} \quad \Delta\vartheta = \vartheta_2 - \vartheta_1$

$\boxed{l_2 = l_1 + \Delta l = l_1 (1 + \alpha\, \Delta\vartheta)}$

l_1 bzw. l_2 Länge bei der Temperatur ϑ_1 bzw. ϑ_2

α mittlerer Längenausdehnungskoeffizient im Temperaturintervall $\Delta\vartheta$ (Tab. 9)

Einheit: 1 K^{-1}

Wärmespannung σ fester Körper
(bei Verhinderung der Längenänderung)

$\sigma = \alpha\, E\, \Delta\vartheta$

$\Delta\vartheta = \vartheta - \vartheta_0$

Einheit: 1 N/m² = 1 Pa

E Elastizitätsmodul
ϑ_0 Temperatur beim Einbau ($\sigma_0 = 0$)
ϑ Temperatur bei der Spannung σ
$\sigma > 0$: Druckspannung
$\sigma < 0$: Zugspannung

Volumenänderung ΔV von festen Körpern und Flüssigkeiten

$\Delta V = V_1\, \beta\, \Delta\vartheta; \quad \Delta\vartheta = \vartheta_2 - \vartheta_1$

$V_2 = V_1 + \Delta V = V_1 (1 + \beta\, \Delta\vartheta)$

V_1 bzw. V_2 Volumen bei der Temperatur ϑ_1 bzw. ϑ_2

β mittlerer Volumenausdehnungskoeffizient im Temperaturintervall $\Delta\vartheta$ (Tab. 10)

$\beta = 3\alpha$

Einheit: 1 K^{-1}

α Längenausdehnungskoeffizient

Relativer Volumenausdehnungskoeffizient β_{rel} einer Flüssigkeit in einem Gefäß:

$\beta_{rel} = \beta_{Fl} - \beta_{G}$

β_{Fl} bzw. β_{G} Volumenausdehnungskoeffizient der Flüssigkeit bzw. des Gefäßes

S*peziell* Quecksilber in Glas:

$\beta_{rel} = 1{,}55 \cdot 10^{-4}\, \text{K}^{-1}$

Dichte ϱ bei der Temperatur ϑ

$\varrho_2 = \varrho_1 \dfrac{1}{1 + \beta(\vartheta_2 - \vartheta_1)}$

ϱ_1 bzw. ϱ_2 Dichte bei der Temperatur ϑ_1 bzw. ϑ_2
β Volumenausdehnungskoeffizient

---

[1] Basisgröße

4 Kalorik

4.2 Gasgesetze

Volumen V bei konstantem Druck

$V_2 = V_1 [1 + \beta(\vartheta_2 - \vartheta_1)]$

V_1 bzw. V_2 Volumen bei der Temperatur ϑ_1 bzw. ϑ_2
β Volumenausdehnungskoeffizient

Speziell ideales Gas und $\vartheta_1 = 0\,°C$:

$\beta_i = \dfrac{1}{273{,}15}\,K^{-1} = 3{,}661 \cdot 10^{-3}\,K^{-1}$

β_i Volumenausdehnungskoeffizient eines idealen Gases

$$\boxed{V = V_0 \dfrac{T}{T_0}}\quad \text{(Gesetz von Gay-Lussac)}$$

T absolute Temperatur
V_0 Volumen bei der Temperatur T_0

Normvolumen V_n eines idealen Gases

$V_n = \dfrac{T_n}{p_n} \dfrac{pV}{T}$

p Druck
V Volumen
T Temperatur
T_n Normtemperatur
p_n Normdruck

$T_n = 273{,}15\,K$
$p_n = 1{,}01325 \cdot 10^5\,Pa$

Gasdichte ϱ

Speziell ideales Gas:

$\varrho = \varrho_n \dfrac{p}{p_n} \dfrac{T_n}{T}$

ϱ_n Normdichte beim Normdruck p_n und der Normtemperatur T_n (Tab. 2a)
T Temperatur
p Druck

Gasdruck p bei konstantem Volumen

$p_2 = p_1 [1 + \beta(\vartheta_2 - \vartheta_1)]$

p_1 bzw. p_2 Druck bei der Temperatur ϑ_1 bzw. ϑ_2

Speziell ideales Gas:

$p = p_0 \dfrac{T}{T_0}$

T Temperatur
p_0 Druck bei der Temperatur T_0

Gesetz von Boyle-Mariotte siehe Seite 23

Gesetz von Boyle-Mariotte und Gay-Lussac für ideale Gase

$\dfrac{pV}{T} = \dfrac{p_0 V_0}{T_0}$

p bzw. V Druck bzw. Volumen bei der Temperatur T
p_0 bzw. V_0 Druck bzw. Volumen bei der Temperatur T_0

$$\boxed{\dfrac{p_1 V_1}{T_1} = \dfrac{p_2 V_2}{T_2}}$$

$p_{1(2)}$ bzw. $V_{1(2)}$ Druck bzw. Volumen bei der Temperatur $T_{1(2)}$

Gas- und Dampfgemische

$p_{ges} = p_1 + p_2 + \cdots$ (Gesetz von Dalton)

$\varrho_{ges} = \varrho_1 + \varrho_2 + \cdots$

$p_1, p_2, \ldots$ Partialdrücke der einzelnen Gase oder Dämpfe
p_{ges} Gesamtdruck
ϱ_{ges} Gesamtdichte
$\varrho_1, \varrho_2, \ldots$ Partialdichten

4.2 Gasgesetze / 4.3 Atomare und molare Größen

Allgemeine Gasgleichung (molare Größen siehe 4.3)

$p V_m = R T$

$\boxed{p V = \nu R T}$

$R = 8314{,}5 \; \dfrac{J}{K \, kmol}$

$R = k N_A$

$R_B = \dfrac{8314{,}5}{M_{r,B}} \; \dfrac{J}{kg \, K}$

$\boxed{p V = m R_B T}$

$\boxed{p = \varrho R_B T}$

p Druck
T Temperatur
V_m molares Volumen
ν Stoffmenge
V Volumen
R universelle Gaskonstante
N_A Avogadrokonstante (Tab. 1)
k Boltzmannkonstante (Tab. 1)
R_B individuelle Gaskonstante des Stoffes B
$M_{r,B}$ relative Molekülmasse des Stoffes B
m Masse
T Temperatur
ϱ Gasdichte
p Gasdruck

Satz von Avogadro für ideale Gase

Gleiche Volumina enthalten bei gleichem Druck und bei der gleichen Temperatur die gleiche Anzahl von Atomen bzw. Molekülen

4.3 Atomare und molare Größen

Stoffmenge (Teilchenmenge) ν[1]

Einheit: 1 Kilomol kmol

$1 \, kmol = 6{,}022 \cdot 10^{26}$
(gleichartige Teilchen)

Atomare Masseneinheit u

$u = \dfrac{1}{12}$ Masse des Kohlenstoffatoms ^{12}C = 1 Dalton

$u = 1{,}6605 \cdot 10^{-27} \, kg; \quad 1 \, kg = 6{,}022 \cdot 10^{26} \, u$

Relative Atommasse A_r

$A_r = \dfrac{\text{Masse des Durchschnittatoms eines atomaren Stoffes}}{u}$ (Ausschlagtafel)

Relative Molekülmasse M_r

$M_r = z_1 A_{r,1} + z_2 A_{r,2} + \cdots$

z_i Anzahl der im Molekül enthaltenen Atome mit der relativen Atommasse $A_{r,i}$ (Ausschlagtafel)

Gas- und Dampfgemische:

$M_r = p_1 M_{r,1} + p_2 M_{r,2} + \cdots$

p_i Häufigkeit der Molekülart mit der relativen Molekülmasse $M_{r,i}$ = Anteil der betreffenden Gasart in Volumprozent

[1] Basisgröße

4 Kalorik

Relative Ionenmasse I_r

$I_r = \dfrac{\text{Masse des Durchschnittes einer Ionenart}}{u}$

$I_r = z_1 A_{r,1} + z_2 A_{r,2} + \cdots$

z_i Anzahl der im Ion enthaltenen Atome mit der relativen Atommasse $A_{r,i}$

Molare Masse m_m

$\boxed{m_m = \dfrac{m}{\nu}}$ $m_m = M_r \dfrac{\text{kg}}{\text{kmol}}$

Einheit: 1 kg/kmol

m Masse
ν Stoffmenge
M_r relative Molekülmasse

Molekülmasse m_M

$m_M = \dfrac{m}{N} = M_r \cdot u$

$m_M = \dfrac{m_m}{N_A}$

Einheit: 1 kg

N Anzahl der Moleküle in einem Körper mit der Masse m
u atomare Masseneinheit
m_m molare Masse
N_A Avogadrokonstante

Avogadrokonstante N_A

$N_A = \dfrac{N}{\nu}$

$\boxed{N_A = 6{,}022 \cdot 10^{26}\,\text{kmol}^{-1} = 6{,}022 \cdot 10^{23}\,\text{mol}^{-1}}$

$N_A = \dfrac{M_r}{m_M} \dfrac{\text{kg}}{\text{kmol}}$

N Anzahl der Moleküle in der Stoffmenge ν

M_r relative Molekülmasse
m_M Masse des Durchschnittmoleküls eines Stoffes

Molares Volumen V_m

$V_m = \dfrac{V}{\nu}$

V Volumen
ν Stoffmenge

Speziell ideales Gas unter Normbedingungen:

$\boxed{V_{m,n} = 22{,}414\,\text{m}^3/\text{kmol}}$

$V_{m,n}$ molares Normvolumen für ideale Gase

4.4 Kalorimetrie

Wärmeenergie (Wärmemenge) Q

$\boxed{Q = c\, m\, \Delta\vartheta}$

Einheit: 1 Joule J
1 kWh $= 3{,}6 \cdot 10^6$ J
1 kcal $= 4187$ J

m Masse
$\Delta\vartheta$ Temperaturänderung

c spezifische Wärmekapazität (Tab. 11)

Einheit: $1\,\dfrac{\text{J}}{\text{kg K}}$

4.4 Kalorimetrie

Wärmekapazität C

$C = \dfrac{Q}{\Delta T}$

$C = c\,m$

Einheit: 1 J/K

Q Wärmemenge, die zur Temperaturänderung ΔT führt
c spezifische Wärmekapazität
m Masse

Mischungsregel

In einem abgeschlossenen System ist die von den Körpern höherer Temperatur abgegebene Wärmeenergie so groß wie die von den Körpern niedrigerer Temperatur aufgenommene Wärmeenergie.

Speziell:
Eine Stoffmenge (m_1, c_1, ϑ_1) wird mit einer anderen Stoffmenge (m_2, c_2, ϑ_2) in einem Kalorimeter der Wärmekapazität C und der Temperatur ϑ_2 gemischt (ohne Änderung des Aggregatzustandes und ohne Wärmetönung, etwa durch chemische Reaktionen).

Mischungsgleichung:

$$m_1 c_1 (\vartheta_1 - \vartheta_m) = (m_2 c_2 + C)(\vartheta_m - \vartheta_2)$$

ϑ_m Mischungstemperatur

Molare Wärmekapazität (Molwärme) C_m

$C_m = \dfrac{C}{\nu} = c\,\dfrac{m}{\nu} = c\,m_m$

Einheit: $1\,\dfrac{J}{\text{kmol K}}$

C Wärmekapazität
m Masse
ν Stoffmenge
m_m molare Masse

Speziell fester Stoff aus einem chemischen Element bei hinreichend hohen Temperaturen:

$C_m \approx 3R \approx 2{,}5 \cdot 10^4 \,\dfrac{J}{\text{kmol K}}$ (Regel von Dulong-Petit)

Spezifische Wärmekapazitäten idealer Gase

Gasmolekül (starr)	einatomig	linear mehratomig	nichtlinear mehratomig
Zahl der Freiheitsgrade f	3	5	6
c_V	$\frac{3}{2}R_B$	$\frac{5}{2}R_B$	$\frac{6}{2}R_B = 3R_B$
$c_p = c_V + R_B$	$\frac{5}{2}R_B$	$\frac{7}{2}R_B$	$\frac{8}{2}R_B = 4R_B$
$C_{m,V}$	$\frac{3}{2}R$	$\frac{5}{2}R$	$\frac{6}{2}R = 3R$
$C_{m,p} = C_{m,V} + R$	$\frac{5}{2}R$	$\frac{7}{2}R$	$\frac{8}{2}R = 4R$
$\gamma = c_p/c_V = C_{m,p}/C_{m,V}$	1,67	1,40	1,33

c_V bzw. c_p spez. Wärmekapazität bei konstantem Volumen bzw. Druck
$C_{m,V}$ bzw. $C_{m,p}$ molare Wärmekapazität bei konstantem Volumen bzw. Druck
R_B individuelle Gaskonstante
R universelle Gaskonstante
γ Adiabatenexponent (Tab. 11)

4 Kalorik

Spezifische Schmelzwärme (Erstarrungswärme) q_f

$q_f = \dfrac{Q_f}{m}$ (Tab. 11)

Einheit: 1 J/kg

Q_f ist die zum Schmelzen eines festen Körpers der Masse m bei konstantem Druck und der Schmelztemperatur benötigte (bzw. beim Erstarren der Flüssigkeit freiwerdende) Wärmemenge

---

Spezifische Verdampfungswärme (Kondensationswärme) q_d

$q_d = \dfrac{Q_d}{m}$ (Tab. 11)

Einheit: 1 J/kg

Q_d ist die zum Verdampfen einer Flüssigkeitsmenge der Masse m bei konstantem Druck und bei der Siedetemperatur benötigte (bzw. beim Kondensieren des Dampfes freiwerdende) Wärmemenge

---

Verbrennungswärme Q

$Q = m H_o$ bzw. $Q = m \cdot H_u$

H_o spezifischer Brennwert bzw. H_u spezifischer Heizwert (Tab. 12)

$Q_n = V_n H_{o,n}$ bzw. $Q_n = V_n H_{u,n}$

$H_{o,n}$ Brennwert bzw. $H_{u,n}$ Heizwert (Tab. 12)

m Masse einer festen oder flüssigen Brennstoffmenge

Einheit: 1 J/kg

V_n Normvolumen einer gasförmigen Brennstoffmenge
Q_n Normverbrennungswärme

Einheit: 1 J/m³

4.5 Stationärer Wärmetransport

Wärmestrom $\dot{Q}$

$\dot{Q} = \dfrac{Q}{t}$

Einheit: 1 J/s = 1 W

Q ist die in der Zeit t transportierte Wärme

Wärmestromdichte q **in einer ebenen Schicht**

$q = \dfrac{\dot{Q}}{A} = \dfrac{Q}{A t}$

$q = \dfrac{\lambda}{s} |\vartheta_1 - \vartheta_2|$

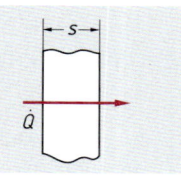

Einheit: 1 W/m²

A senkrecht vom Wärmestrom $\dot{Q}$ durchsetzte Fläche mit der Schichtdicke s
ϑ_1 bzw. ϑ_2 konstante Temperaturen an den Schichtgrenzen

λ Wärmeleitfähigkeit (Tab. 11)

Einheit: $1 \dfrac{W}{m\,K}$

Wärmedurchlasskoeffizient Λ

$\Lambda = \dfrac{\lambda}{s}$

Einheit: $1 \dfrac{W}{m^2\,K}$

λ Wärmeleitfähigkeit des Schichtmaterials
s Schichtdicke

4.5 Stationärer Wärmetransport

Wärmedurchlasswiderstand $1/\Lambda$
(Wärmeleitwiderstand R_λ)

$$\boxed{\frac{1}{\Lambda} = \frac{s}{\lambda}}$$

Einheit: $1\,\text{m}^2\,\text{K}/\text{W}$

λ Wärmeleitfähigkeit des Schichtmaterials
s Schichtdicke

Gesamter Wärmedurchlasswiderstand $1/\Lambda$ eines Bauteils, der aus n parallelen Schichten zusammengesetzt ist:

$$\boxed{\frac{1}{\Lambda} = \frac{1}{\Lambda_1} + \frac{1}{\Lambda_2} + \cdots + \frac{1}{\Lambda_n}}$$

$1/\Lambda_i$ Wärmedurchlasswiderstand der i-ten Schicht (i = 1, 2, ..., n)

Wärmeübergangskoeffizient α

$q = \alpha_i |\vartheta_i - \vartheta_{O,i}|$

$q = \alpha_a |\vartheta_{O,a} - \vartheta_a|$

Einheit: $1\,\dfrac{\text{W}}{\text{m}^2\,\text{K}}$

ϑ_i bzw. ϑ_a Temperatur innen bzw. außen
$\vartheta_{O,i}$ bzw. $\vartheta_{O,a}$ Oberflächentemperatur innen bzw. außen

Wärmeübergangswiderstand $1/\alpha$

$R_i = 1/\alpha_i$; $R_a = 1/\alpha_a$ (Tab. 13)

Einheit: $1\,\text{m}^2\,\text{K}/\text{W}$

α_i bzw. α_a Wärmeübergangskoeffizient innen bzw. außen

Wärmedurchgangswiderstand $1/k$

$$\boxed{\frac{1}{k} = \frac{1}{\alpha_i} + \frac{1}{\Lambda} + \frac{1}{\alpha_a}}$$

$1/\Lambda$ Wärmedurchlasswiderstand des ebenen Bauteils

Wärmedurchgangskoeffizient k

$q = k |\vartheta_i - \vartheta_a| = k \cdot \Delta\vartheta$

$k_m = p_\text{I} k_\text{I} + p_\text{II} k_\text{II} + \ldots$

$p_\text{I} = \dfrac{A_\text{I}}{A}$; $p_\text{II} = \dfrac{A_\text{II}}{A}$;   ...

Einheit: $1\,\dfrac{\text{W}}{\text{m}^2\,\text{K}}$

q Wärmestromdichte
k_m mittlerer k-Wert eines Bauteils, bei dem Teile mit verschiedenen k-Werten $k_\text{I}, k_\text{II}, \ldots$ nebeneinander liegen
$A_\text{I}, A_\text{II}, \ldots$ Anteile an der Gesamtfläche A des ebenen Bauteils

Temperaturen an oder in einer mehrschichtigen ebenen Wand

$\vartheta_{O,i} = \vartheta_i - q\,\dfrac{1}{\alpha_i}$

$\vartheta_{1,2} = \vartheta_{O,i} - q\,\dfrac{1}{\Lambda_1}$

...

$\vartheta_{O,a} = \vartheta_{n-1,r} - q\,\dfrac{1}{\Lambda_n}$

$\vartheta_a = \vartheta_{O,a} - q\,\dfrac{1}{\alpha_a}$
(Probe)

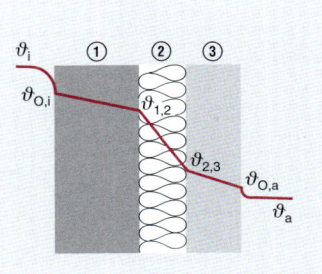

q Wärmestromdichte
$1/\Lambda_i$ Wärmedurchlasswiderstand der i-ten Schicht (i = 1, 2, ..., n)
$\vartheta_{O,i}$ bzw. $\vartheta_{O,a}$ Oberflächentemperatur innen bzw. außen
$\vartheta_{i,i+1}$ Zwischenschichttemperatur (i = 1, 2, ..., n-1)

4 Kalorik

Temperaturstrahlung

Wärmeenergie Q, die von einer Fläche abgestrahlt wird

$$\boxed{Q = \varepsilon \sigma A t T^4}$$ *(Gesetz von Stefan-Boltzmann)*

$\sigma = 5{,}67 \cdot 10^{-8} \, \dfrac{W}{m^2 K^4}$

$\dfrac{Q}{At} = \varepsilon C_s \left(\dfrac{T}{100}\right)^4$

$C_s = 10^8 \sigma = 5{,}67 \, \dfrac{W}{m^2 K^4}$

A Fläche
t Zeit
T absolute Temperatur
ε halbräumlicher Emissionsgrad
σ Stefan-Boltzmann-Konstante

C_s Strahlungskonstante des schwarzen Körpers

Temperaturstrahlung zwischen zwei parallelen ebenen Flächen

$q_{1,2} = \alpha_{St}(\vartheta_1 - \vartheta_2)$

$\alpha_{St} = C_{1,2}\, a = \Lambda_{St}$

a Temperaturfaktor

$a = \dfrac{\left(\dfrac{T_1}{100}\right)^4 - \left(\dfrac{T_2}{100}\right)^4}{T_1 - T_2}$

$C_{1,2} = \dfrac{1}{\dfrac{1}{C_1} + \dfrac{1}{C_2} - \dfrac{1}{C_s}} = \dfrac{C_s}{\dfrac{1}{\varepsilon_1} + \dfrac{1}{\varepsilon_2} - 1}$

$\varepsilon_1 = \dfrac{C_1}{C_s}; \quad \varepsilon_2 = \dfrac{C_2}{C_s}$

$q_{1,2}$ ist die durch die Strahlung bewirkte Wärmestromdichte

α_{St} Wärmeübergangskoeffizient der Strahlung
Λ_{St} Wärmedurchlasskoeffizient

Einheit: $1 \, K^3$

T_1, T_2 bzw. ϑ_1, ϑ_2 (konstante) Temperaturen der Flächen 1 und 2

$C_{1,2}$ Strahlungsaustauschkonstante
C_1 bzw. C_2 Strahlungskonstante der Fläche 1 bzw. 2
C_s Strahlungskonstante des schwarzen Körpers
ε_1 bzw. ε_2 halbräumlicher Emissionsgrad der Fläche 1 bzw. 2

Verschiebungsgesetz von Wien

$\lambda_{max} = \dfrac{2{,}898 \cdot 10^{-3} \, m\, K}{T}$

λ_{max} Wellenlänge des Strahlungsmaximums einer schwarzen Fläche bei der Temperatur T

Strahlungsgesetz von Planck für schwarze Körper

$\Delta P = \dfrac{2 \pi h c^2}{\lambda^5} \cdot \dfrac{1}{e^{\frac{hc}{kT\lambda}} - 1} \, A \cdot \Delta\lambda$

ΔP Strahlungsleistung einer schwarzen Fläche A in den Halbraum bei der Temperatur T im Wellenlängenbereich von λ bis $\lambda + \Delta\lambda$
h Planckkonstante
k Boltzmannkonstante
c Vakuumlichtgeschwindigkeit (S. 76)

4.6 Feuchtigkeit

Absolute Luftfeuchte (Wasserdampfteildichte) ϱ

$\varrho = \dfrac{m}{V}$

$\varrho = \dfrac{p}{R_{H_2O}\, T}$

Einheit: $1\,\text{kg/m}^3$

m Wasserdampfmasse im Volumen V

p Wasserdampfteildruck
T Temperatur

$R_{H_2O} = 462\,\dfrac{\text{J}}{\text{kg K}}$

Relative Luftfeuchte φ

$\varphi = \dfrac{\varrho}{\varrho_s}$

$\varrho_s = \dfrac{p_s}{R_{H_2O}\, T}$

ϱ Wasserdampfteildichte
ϱ_s Sättigungsdichte bei der gleichen Temperatur T

Wasserdampfteildruck p

$\boxed{p = \varphi \cdot p_s}$

Einheit: $1\,\text{N/m}^2 = 1\,\text{Pa}$

p_s Sättigungsdruck bei der gleichen Temperatur (Tab. 15)

Bestimmung der Taupunkttemperatur ϑ_s

$p(\vartheta_L;\varphi) = p_s(\vartheta_s) = \varphi \cdot p_s(\vartheta_L)$

$p(\vartheta_L;\varphi)$ Wasserdampfteildruck bei der Lufttemperatur ϑ_L und der relativen Luftfeuchte φ

$p_s(\vartheta_s)$ bzw. $p_s(\vartheta_L)$ Sättigungsdruck bei der Temperatur ϑ_s bzw. ϑ_L

Mindestwert $(1/k)_{Mind}$ des Wärmedurchgangswiderstandes
eines Außenbauteiles zur Vermeidung von Oberflächentauwasser

$\left(\dfrac{1}{k}\right)_{Mind} = \dfrac{1}{\alpha_i}\,\dfrac{\vartheta_{L,i} - \vartheta_{L,a,Min}}{\vartheta_{L,i} - \vartheta_{s,i}}$

$1/\alpha_i$ Wärmeübergangswiderstand innen (Tab. 13)
$\vartheta_{L,i}$ Lufttemperatur innen
$\vartheta_{s,i}$ Taupunkttemperatur innen
$\vartheta_{L,a,Min}$ Minimum der Lufttemperatur außen

Wasserdampfdiffusionsdurchlasswiderstand $1/\Delta$
einer Schicht

$\dfrac{1}{\Delta} = \dfrac{R_{H_2O}\, T}{D}\,\mu s = N \mu s$

$N = \dfrac{R_{H_2O}\, T}{D} = 1{,}5 \cdot 10^6\,\dfrac{\text{m h Pa}}{\text{kg}}$

Einheit: $1\,\dfrac{\text{m}^2\,\text{h Pa}}{\text{kg}}$

μ Wasserdampfdiffusionswiderstandszahl des Schichtmaterials
s Schichtdicke
T Schichtmittentemperatur
D Diffusionskoeffizient
N Abkürzung

Diffusionsäquivalente Luftschichtdicke s_d
einer Schicht

$s_d = \mu s$

Einheit: $1\,\text{m}$

μ Diffusionswiderstandszahl
s Schichtdicke

4 Kalorik

Wasserdampfdurchlasswiderstand von mehreren Schichten:

$1/\Delta = 1/\Delta_1 + 1/\Delta_2 + \cdots$

$1/\Delta = N(s_{d,1} + s_{d,2} + \cdots)$

$s_{d,i}$ diffusionsäquivalente Luftschichtdicke der einzelnen Schichten

---

Diffusionsrechnung

Tauperiode:

$i_i = \dfrac{p_i - p_{sw1}}{1/\Delta_i}$; $i_a = \dfrac{p_{sw2} - p_a}{1/\Delta_a}$

$W_T = 1440\,h\,(i_i - i_a)$

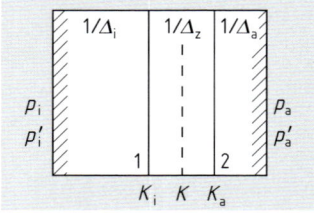

p_{sw1} bzw. p_{sw2} bzw. p'_{sw} Wasserdampfsättigungsdruck für die Temperatur am Anfang (1) bzw. am Ende (2) der Tauwasserzone bzw. in ihrer Mitte (K) am Beginn der Verdunstungsperiode

Verdunstungsperiode:

$i'_i = \dfrac{p'_{sw} - p'_i}{1/\Delta'_i}$; $i'_a = \dfrac{p'_{sw} - p'_a}{1/\Delta'_a}$

Randbedingungen:

$\vartheta_{L,i} = 20\,°C$; $\varphi_i = 50\,\%$
$\vartheta_{L,a} = -10\,°C$; $\varphi_a = 80\,\%$
$\vartheta'_{L,i} = 12\,°C$; $\varphi'_i = 70\,\%$
$\vartheta'_{L,a} = 12\,°C$; $\varphi'_a = 70\,\%$
(Dachdecke; $\vartheta'_{0,a} = 20\,°C$)

$W_V = 2160\,h\,(i'_i + i'_a)$
$1/\Delta'_i = 1/\Delta_i + 0{,}5 \cdot 1/\Delta_Z$
$1/\Delta'_a = 1/\Delta_a + 0{,}5 \cdot 1/\Delta_Z$

W_T bzw. W_V flächenbezogene Masse des ausfallenden bzw. verdunsteten Wassers
(*Einheit:* 1 kg/m²)

Stationäre Wasserdampfdiffusionsstromdichte i

$i = \dfrac{m}{A\,t}$

Einheit: $1\,\dfrac{kg}{m^2\,h}$

m Dampfmasse, die in der Zeit t durch die Fläche A diffundiert

4.7 Kinetische Wärmetheorie

Teilchenzahldichte n

$n = N/V$

Einheit: $1\,m^{-3}$

N Anzahl der Gasmoleküle im Volumen V

Mittleres Geschwindigkeitsquadrat $\overline{v^2}$

$\overline{v^2} = \dfrac{N_1 v_1^2 + N_2 v_2^2 + \cdots}{N}$

$\overline{v^2} = 3 R_B T$

N_i Anzahl der Gasmolküle mit der Geschwindigkeit v_i

R_B individuelle Gaskonstante
T absolute Temperatur

Gesetz von Boyle-Mariotte für eine abgeschlossene Gasmenge bei konstanter Temperatur

$pV = \dfrac{1}{3} m \overline{v^2}$

$pV = \dfrac{2}{3} N \overline{W}_{0,\text{trans}}$

$pV = \dfrac{2}{3} W_{\text{trans}}$

p Gasdruck
V Gasvolumen
m Gasmasse
v Geschwinigkeit eines Gasmoleküls
N Anzahl der Gasmoleküle
$\overline{W}_{0,\text{trans}}$ mittl. Translationsenergie eines Moleküls
W_{trans} gesamte Translationsenergie aller Moleküle der Gasmenge

4.7 Kinetische Wärmetheorie / 4.8 Hauptsätze der Thermodynamik

Mittlere Energie $\overline{W}_{0,f}$ **eines Gasmoleküls** pro Freiheitsgrad (siehe S. 41)

$$\overline{W}_{0,f} = \frac{1}{2} kT$$

- k Boltzmannkonstante
- T absolute Temperatur

4.8 Hauptsätze der Thermodynamik

Erster Hauptsatz

$$\boxed{\Delta U = Q + \Delta W}$$

$\Delta U > 0$: Zunahme der inneren Energie
$\Delta U < 0$: Abnahme der inneren Energie

Q bzw. $\Delta W > 0$: Von außen dem System zugeführte Wärmemenge bzw. von außen verrichtete Arbeit

Q bzw. $\Delta W < 0$: Nach außen abgeführte Wärmemenge bzw. vom System verrichtete Arbeit

$$\Delta W = -\int_{V_1}^{V_2} p \, dV$$

- p Druck eines idealen Gases im Volumen V bei der Volumänderung von V_1 auf V_2

Speziell $Q = 0$:

$\Delta U = \Delta W$
$TV^{\gamma-1} =$ konstant
$pV^{\gamma} =$ konstant
$\dfrac{T^{\gamma}}{p^{\gamma-1}} =$ konstant

(Gesetz von Poisson für adiabatische Zustandsänderungen)

- ΔU Zunahme bzw. Abnahme der inneren Energie bei der am bzw. vom System verrichteten Arbeit ΔW
- T Temperatur
- V Volumen
- p Druck
- γ Verhältnis der spezifischen Wärmekapazitäten (S. 41)

Zweiter Hauptsatz

In einem abgeschlossenen System kann die Entropie nicht abnehmen. Sie bleibt konstant bei reversiblen Vorgängen und nimmt zu bei irreversiblen Vorgängen.

Entropie S

$S = k \ln \mathfrak{W}$

$dS = \dfrac{dQ}{T}$

Einheit: 1 J/K

- k Boltzmannkonstante
- $\mathfrak{W}$ Wahrscheinlichkeit des Zustandes, in dem sich ein Körper oder ein System befindet
- dS Entropieänderung, wenn bei der Temperatur T die Wärmemenge dQ reversibel aufgenommen ($dS > 0$) oder abgegeben ($dS < 0$) wird

Thermodynamischer Wirkungsgrad η einer Maschine beim Carnot-Prozess

$$\eta = \frac{|\Delta W|}{Q_1} = \frac{Q_1 - |Q_2|}{Q_1} = \frac{T_1 - T_2}{T_1}$$

$$\frac{Q_1}{T_1} = \frac{|Q_2|}{T_2}$$

- ΔW von der Maschine verrichtete Arbeit
- Q_1 zugeführte Wärmeenergie bei der Temperatur T_1
- Q_2 abgeführte Wärmeenergie bei der Temperatur T_2

5 Elektrizität und Magnetismus

5.1 Elektrische Felder

Ladung Q

$Q = Ne$
$e = 1{,}602 \cdot 10^{-19}\,\mathrm{C}$

Einheit: 1 Amperesekunde A s
= 1 Coulomb C

N Anzahl der Elementarladungen
e Elementarladung

Elektrische Feldstärke $\vec{E}$

$\vec{E} = \dfrac{\vec{F}}{q}$

Homogenes Feld: $\vec{E} = $ konstant

Betragseinheit: 1 N/C = 1 V/m

$\vec{F}$ Kraft auf eine Probeladung $q > 0$

Spannung U
zwischen zwei
Feldpunkten

$U = \dfrac{\Delta W}{q}$

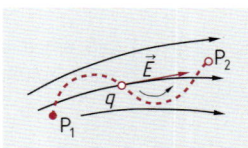

Einheit: 1 J/C = 1 Volt V

ΔW vom Feld verrichtete Überführungsarbeit an der Probeladung q vom Feldpunkt P$_1$ zum Feldpunkt P$_2$ längs eines beliebigen Weges

Homogenes Feld:

$\boxed{U = Ed}$

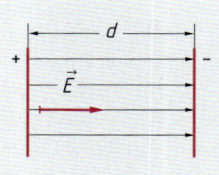

E (konstante) Feldstärke
d Abstand der beiden parallelen Feldgrenzflächen
U Spannung zwischen beiden Flächen

Elektrische Flussdichte $\vec{D}$

$D = \dfrac{\Delta Q}{\Delta A}$

$\boxed{\vec{D} = \varepsilon \vec{E}}$

$\varepsilon = \varepsilon_r \varepsilon_0$
$\varepsilon_0 = 8{,}8542 \cdot 10^{-12}\,\dfrac{\mathrm{C}}{\mathrm{V\,m}}$

Speziell Luft:
$\varepsilon_{\mathrm{Luft}} = 8{,}86 \cdot 10^{-12}\,\dfrac{\mathrm{C}}{\mathrm{V\,m}}$

Betragseinheit: 1 C/m²

ΔQ influenzierte Ladung auf der zur Feldstärke $\vec{E}$ senkrechten Fläche ΔA

ε Permittivität
ε_r Permittivitätszahl (Tab. 16)
ε_0 elektrische Feldkonstante

Homogenes Feld:

$D = \dfrac{Q}{A}$

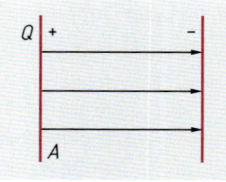

Q Ladung auf einer der beiden parallelen Feldgrenzflächen
A Flächeninhalt einer dieser Grenzflächen (= Kondensatorplatten)

5.1 Elektrische Felder

Kapazität C eines Kondensators

$$C = \frac{Q}{U}$$

Einheit: $1\,\text{C/V} = 1\,\text{Farad F}$

U Spannung
Q Ladung

Speziell Plattenkondensator:

$$C = \varepsilon \frac{A}{d}$$

A Fläche einer Platte
d Plattenabstand ($d \ll$ Ausdehnung der Platten)
ε Permittivität des Stoffes zwischen den Platten

Energie W_e eines Kondensators

$$W_e = \frac{1}{2} Q U = \frac{1}{2} C U^2 = \frac{1}{2} \frac{Q^2}{C}$$

Einheit: $1\,\text{Wattsekunde Ws} = 1\,\text{Joule J}$

C Kapazität
U Spannung
Q Ladung

Energiedichte w_e

$$w_e = \frac{\Delta W_e}{\Delta V}$$

$$w_e = \frac{1}{2} D E$$

Einheit: $1\,\text{J/m}^3$

ΔW_e Energie des elektrischen Feldes im Volumen ΔV
D elektrische Flussdichte
E elektrische Feldstärke

Kraft $\vec{F}$ zwischen zwei Punktladungen

$$F = \frac{1}{4\pi\varepsilon} \frac{Q_1 Q_2}{r^2} \quad \text{(Gesetz von Coulomb)}$$

Betragseinheit: $1\,\text{Newton N}$

F Kraft auf die Ladung Q_1 bzw. Q_2
r Abstand der beiden Punktladungen
ε Permittivität des Feldmediums

Kraft F zwischen zwei Platten
eines Plattenkondensators

$$F = \frac{1}{2} Q E$$

$$F = \frac{1}{2} E D A = \frac{1}{2} \varepsilon \frac{U^2}{d^2} A$$

Q Ladung auf einer Platte
E Feldstärke
D Flussdichte
A Fläche einer Platte
U Spannung
d Plattenabstand

Gesamtkapazität C bei Kondensatorschaltungen

Hintereinander:

$$\frac{1}{C} = \frac{1}{C_1} + \frac{1}{C_2} + \cdots \quad (Q_1 = Q_2 = \cdots)$$

$$U = U_1 + U_2 + \cdots$$

$$U_1 : U_2 : \cdots = \frac{1}{C_1} : \frac{1}{C_2} : \cdots$$

C_i Kapazität des i-ten Kondensators
Q_i Ladung des i-ten Kondensators
U_i Spannung des i-ten Kondensators ($i = 1, 2, 3, \ldots$)
U Gesamtspannung

Parallel:

$$C = C_1 + C_2 + \cdots \quad (U_1 = U_2 = \cdots)$$

$$Q = Q_1 - Q_2 + \cdots$$

$$Q_1 : Q_2 : \cdots = C_1 : C_2 : \cdots$$

Q Gesamtladung

Aufladung eines Kondensators

Zeitkonstante τ: $\tau = RC$

Strom $I(t)$ zur Zeit t:

$I(t) = I_0 e^{-t/\tau}$ mit $I_0 = U_0/R$

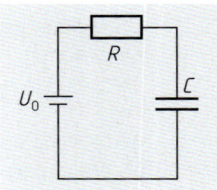

Einheit: 1 s

C Kapazität
I_0 Strom zu Beginn der Aufladung
U_0 angelegte Spannung
R Ohm'scher Widerstand
t Zeit nach Beginn des Ladevorganges

Kondensatorspannung $U_C(t)$ zur Zeit t:

$U_C(t) = U_0 (1 - e^{-t/\tau})$

Entladung eines Kondensators

Strom $I(t)$ zur Zeit t:

$I(t) = I_0 e^{-t/\tau}$ mit $I_0 = U_{C,0}/R$

Kondensatorspannung $U_C(t)$ zur Zeit t:

$U_C(t) = U_{C,0} e^{-t/\tau}$

I_0 Strom zu Beginn der Entladung
$U_{C,0}$ Kondensatorspannung zu Beginn der Entladung
t Zeit nach dem Beginn der Entladung
τ Zeitkonstante

5.2 Stationärer Gleichstrom

Elektrische Stromstärke[1] (Strom) I

$$I = \frac{Q}{t}$$

Einheit: **1 Ampere A**

Q Ladung, die in der Zeit t durch einen Leiterquerschnitt transportiert wird

Stromrichtung (technische Definition):
Bewegungsrichtung der positiven Ladungsträger

Stromdichte J

$J = \dfrac{I}{A}$

Einheit: $1 \dfrac{A}{m^2}$

I Strom, der senkrecht durch die Fläche A hindurchtritt

Elektrische Spannung U: siehe Seite 48

Einheit: 1 Volt V

Gesetz von Ohm

In metallischen Leitern konstanter Temperatur ist die Stromstärke I der angelegten Spannung U proportional.

$$I = \frac{U}{R}; \quad U = RI; \quad R = \frac{U}{I}$$

[1] Basisgröße

5.2 Stationärer Gleichstrom

Elektrischer Widerstand R Einheit: $1\,\dfrac{V}{A} = 1\,\text{Ohm}\,\Omega$

Speziell elektrischer Widerstand eines Drahtes:

$$\boxed{R = \varrho\,\dfrac{l}{A}}$$

l Länge
A Querschnittsfläche des Drahtes

ϱ spezifischer elektr. Widerstand eines Stoffes (Tab. 17)

Einheit: $1\,\Omega\,\text{m} = 10^6\,\Omega\,\text{mm}^2/\text{m}$

Temperaturabhängigkeit des elektrischen Widerstandes

$R = R_{20}(1 + k_{20}\,\Delta\vartheta);\quad \Delta\vartheta = \vartheta - 20\,°C$

R bzw. R_{20} Widerstand bei der Temperatur ϑ bzw. 20 °C

k_{20} Temperaturkoeffizient eines Stoffes bei der mittleren Temperatur 20 °C (Tab. 17)

Einheit: $1\,\text{K}^{-1}$

Elektrischer Leitwert G Einheit: $1\,\Omega^{-1} = 1\,\text{Siemens S}$

$G = \dfrac{1}{R}$

R elektrischer Widerstand

Elektrische Leitfähigkeit σ eines Stoffes Einheit: $1\,\Omega^{-1}\,\text{m}^{-1}$

$\sigma = \dfrac{1}{\varrho}$

ϱ spezifischer Widerstand

Schaltung von mehreren Widerständen

Hintereinander: $\boxed{R = R_1 + R_2 + \cdots}$

$(I_1 = I_2 = \cdots)$
$U = U_1 + U_2 + \cdots$
$U_1 : U_2 : \cdots = R_1 : R_2 : \cdots$

R_i i-ter Widerstand (i = 1, 2, 3, …)
R Gesamtwiderstand
U_i Spannungsabfall am i-ten Widerstand
U Gesamtspannung
I_i Strom durch den i-ten Widerstand

Parallel: $\boxed{\dfrac{1}{R} + \dfrac{1}{R_1} + \dfrac{1}{R_2} + \cdots}$

$(U_1 = U_2 = \cdots)$
$I = I_1 + I_2 + \cdots$
$I_1 : I_2 : \cdots = \dfrac{1}{R_1} : \dfrac{1}{R_2} : \cdots$

I Gesamtstrom

Messbereich bei Amperemetern und Voltmetern

Messbereichserweiterung bei Strommessung:

$I = n\,I_0$

$R_N = \dfrac{R_i}{n-1}$

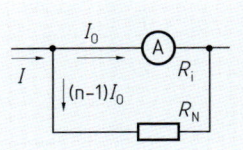

R_i Innenwiderstand des Strommessgerätes
I_0 Strom durch R_i
I zu messender Strom
R_N Nebenwiderstand
$n > 1$ Faktor der Messbereichserweiterung

5 Elektrizität und Magnetismus

Messbereichserweiterung bei Spannungsmessung:

$U = n\, U_0, \quad R_V = (n-1)\, R_i$

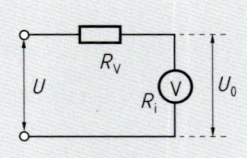

R_V Vorwiderstand
U_0 Spannung an R_i
U zu messende Spannung
R_i Innenwiderstand des Voltmeters

Belastete Stromquelle

$U_a = U_q - R_i I$

$U_a = R_a I$

$I = \dfrac{U_q}{R_i + R_a}$

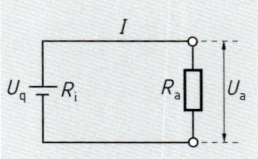

U_a Klemmenspannung
U_q Quellenspannung
R_i Innenwiderstand der Stromquelle
I Stromstärke
R_a Außenwiderstand

Speziell $R_a = 0$:

$I_K = U_q / R_i$

I_K Kurzschlussstrom

Schaltung von mehreren Stromquellen

Hintereinander:

$U_q = U_{q,1} + U_{q,2} + \cdots$
$R_i = R_{i,1} + R_{i,2} + \cdots$

$U_{q,1}, U_{q,2}, \ldots$ bzw. $R_{i,1}, R_{i,2}, \ldots$ Quellenspannung bzw. Innenwiderstand der Stromquellen 1, 2, ...

Speziell n gleiche Stromquellen:

$U_q = n\, U_{q,1}$
$R_i = n\, R_{i,1}$

U_q Gesamtquellenspannung
R_i Gesamtinnenwiderstand
$(U_{q,1} = U_{q,2} = \cdots)$

Parallel:

$R_i = R_{i,1} / m$

(m gleiche Stromquellen)

Stromleistung P

$$P = UI = \dfrac{U^2}{R} = I^2 R$$

Einheit: $1\,\text{V}\,\text{A} = 1\,\text{Watt}\,\text{W}$

U Spannung
I Strom
R Widerstand

Stromarbeit ΔW

$\Delta W = P\, \Delta t$

$$\Delta W = UI\, \Delta t = \dfrac{U^2}{R} \Delta t = I^2 R\, \Delta t$$

Einheit: $1\,\text{W}\,\text{s} = 1\,\text{J}$
$1\,\text{kWh} = 3{,}6 \cdot 10^6\,\text{W}\,\text{s}$

P Leistung in der Zeit Δt
R elektrischer Widerstand
I Strom
U Spannung

5.3 Magnetfeld und elektromagnetische Induktion

Magnetische Feldstärke $\vec{H}$

Die Richtung von $\vec{H}$ ist die Einstellrichtung eines Magnetnadelnordpols

Betragseinheit: 1 A/m

Speziell gerader Stromleiter:

$$H = \frac{I}{2\pi r} \quad (r \geq R)$$

- r Abstand von der Leiterachse
- I Leiterstrom
- R Leiterradius

Speziell Kreiszylinderspule (Solenoid):

$$H = \frac{NI}{l} \quad (l \gg R)$$

- N Windungszahl
- l Spulenlänge
- R Spulenradius
- H Feldstärke im Innern der Spule

Speziell Helmholtz-Spulenpaar

Feldstärke im Mittelebenenstück M:

$$H = \left(\frac{4}{5}\right)^{1,5} \frac{NI}{R} \approx 0{,}716 \frac{NI}{R}$$

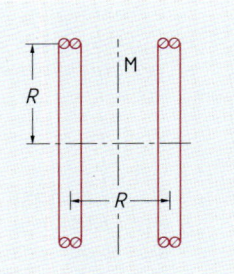

- N Windungszahl einer Spule
- R Spulenradius = Spulenabstand
- I Spulenstrom

Richtungssinn von Strom und magnetischen Feldlinien

Schraubenregel:

(Stromrichtung siehe S. 50)

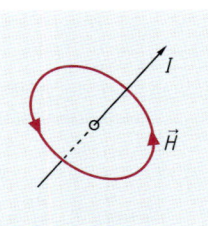

Magnetische Flussdichte (Induktion) $\vec{B}$

Betragseinheit: $1 \frac{Vs}{m^2} = 1$ Tesla T

$$\vec{B} = \mu \vec{H}$$

$\mu = \mu_r \mu_0$

$$\mu_0 = 4\pi \cdot 10^{-7} \frac{Vs}{Am} = 1{,}2566 \cdot 10^{-6} \frac{Vs}{Am}$$

- $\vec{H}$ Feldstärke
- μ Permeabilität des Feldmediums
- μ_r Permeabilitätszahl
- μ_0 magnetische Feldkonstante

Magnetischer Fluss Φ
durch eine ebene Fläche

$$\Phi = \vec{B}\vec{A}$$

Einheit: 1 Vs = 1 Weber Wb

- $\vec{B}$ Flussdichte in der Fläche $\vec{A}$

5 Elektrizität und Magnetismus

Kraft $\vec{F}$ auf einen stromdurchflossenen geraden Leiter
in einem homogenen Magnetfeld

$$\vec{F} = I(\vec{l} \times \vec{B})$$

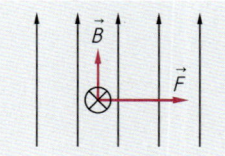

$\vec{B}$ Flussdichte
I Stromstärke
l Leiterlänge im Magnetfeld
$\otimes$ Pfeilende von $\vec{l}$
    (Richtung des Stromes)

Kraft F zwischen zwei langen parallelen Leitern

$$F = \frac{\mu}{2\pi} \frac{I_1 I_2}{d} l$$

Anziehung bei gleicher, Abstoßung bei entgegengesetzter Stromrichtung.

I_1, I_2 Ströme in den Leitern
d Abstand der beiden Leiter ($d \ll l$)
l Leiterlänge
μ Permeabilität

Induktionsspannung U_{ind} an den Enden einer Spule

$$U_{ind} = N \frac{\Delta \Phi}{\Delta t}$$

$\Delta \Phi$ Änderung des magnetischen Flusses in der Zeit Δt im Innern einer Spule mit der Windungszahl N

Induktionsspannung U_{ind} an einem im homogenen Magnetfeld bewegten geraden Leiter

$$U_{ind} = (\vec{v} \times \vec{B}) \vec{l}$$

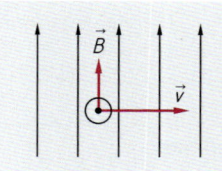

$\vec{B}$ Flussdichte
l Leiterlänge
$\vec{v}$ Geschwindigkeit des Leiters
$\odot$ Pfeilspitze von $\vec{l}$
    (gleiche Richtung wie die Kraft auf positive Ladungen im Leiter; S. 61)

Regel von Lenz

Der induzierte Strom in einem Leiter ist so gerichtet, dass sein Magnetfeld die Ursache seiner Entstehung, nämlich die Änderung des bestehenden Feldes, zu verhindern sucht bzw. die Verschiebung oder Drehung des Leiters zu hemmen sucht.

Induktivität L einer Spule

$$L = N \frac{\Phi}{I}$$

Speziell Solenoid:

$$L = \mu N^2 \frac{A}{l}$$

Einheit: $1 \frac{Vs}{A} = 1$ Henry H

I Leiterstrom, der den Fluss Φ seines Magnetfeldes N-mal umschlingt

N Windungszahl
A Spulenquerschnitt
l Spulenlänge
μ Permeabilität (konstant)

Energie W_m eines Magnetfeldes

$$W_m = \frac{1}{2} L I^2 \quad (L = \text{konstant})$$

Einheit: $1\, Ws = 1\, J$

I Stromstärke
L Induktivität des Stromleiters

5.4 Wechselspannung und Wechselstrom (sinusförmig)

Energiedichte w_m

$w_m = \dfrac{\Delta W_m}{\Delta V}$

$w_m = \dfrac{1}{2} H B$

Einheit: 1 J/m³

ΔW_m Energie des magnetischen Feldes im Volumen ΔV
H magnetische Feldstärke
B magnetische Flussdichte

Selbstinduktionsspannung U_{ind}
an den Enden eines Leiters

$U_{ind} = -L \dfrac{\Delta I}{\Delta t}$; ($L$ = konstant)

ΔI Änderung der Stromstärke in der Zeit Δt

Gesamtinduktivität L bei Leiterschaltungen
(ohne gegenseitige Beeinflussung)

Hintereinander: $L = L_1 + L_2 + \cdots$

Parallel: $\dfrac{1}{L} = \dfrac{1}{L_1} + \dfrac{1}{L_2} + \cdots$

$L_1, L_2, \ldots$ Einzelinduktivitäten

Aufbau eines Magnetfeldes

Zeitkonstante τ: $\tau = L/R$

Stromstärke $I(t)$ in der Spule:

$I(t) = I_\infty (1 - e^{-t/\tau})$
$I_\infty = U_0 / R$ (U_0 = konstant)

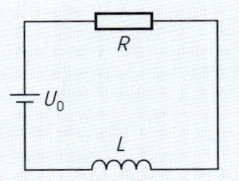

Einheit: 1 s

L Induktivität
U_0 angelegte Spannung
R Widerstand
t Zeit nach Beginn des Stromflusses
I_∞ Stromstärke nach Beendigung des Feldaufbaus

Abbau eines Magnetfeldes

Stromstärke $I(t)$ in der Spule:

$I(t) = I_0 \, e^{-t/\tau}$

τ Zeitkonstante
I_0 Strom zu Beginn des Feldabbaus
t Zeit nach Beginn des Feldabbaus

5.4 Wechselspannung und Wechselstrom (sinusförmig)

Klemmenspannung $U(t)$ zur Zeit t

$U(t) = \hat{U} \sin(\omega t + \varphi_{u,0})$

$\varphi_u(t) = \omega t + \varphi_{u,0}$

$\omega = 2\pi f$; $f = 1/T$

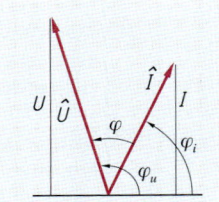

Einheit: 1 V

$\hat{U}$ Scheitelwert der Spannung
$\varphi_u(t)$ bzw. $\varphi_{u,0}$ Phasenwinkel (Phase) bzw. Nullphasenwinkel (Nullphase) der Spannung
ω Kreisfrequenz
f Frequenz
T Periodendauer

Speziell
technischer Wechselstrom:

$\omega = 314 \, s^{-1}$; $f = 50$ Hz; $T = \dfrac{1}{50}$ s

5 Elektrizität und Magnetismus

Strom $I(t)$ zur Zeit t

$I(t) = \hat{I} \sin(\omega t + \varphi_{i,0})$

$\varphi_i(t) = \omega t + \varphi_{i,0}$

$\varphi = \varphi_u(t) - \varphi_i(t) = \varphi_{u,0} - \varphi_{i,0} =$ konstant
$-\pi/2 \leq \varphi \leq +\pi/2$

Einheit: 1 A

$\hat{I}$ Scheitelwert des Stromes
$\varphi_i(t)$ bzw. $\varphi_{i,0}$ Phasenwinkel (Phase) bzw. Nullphasenwinkel (Nullphase) des Stromes
φ Phasenverschiebungswinkel zwischen Spannung und Strom

Phasenverschiebungswinkel φ zwischen Spannung und Strom

$\boxed{\tan \varphi = \dfrac{X}{R}}$

X Blindwiderstand
R Wirkwiderstand

Scheinwiderstand (Impedanz) Z

$\boxed{Z = \sqrt{R^2 + X^2}}$

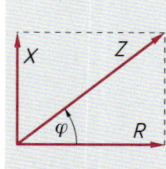

R Wirkwiderstand
X Blindwiderstand

Wirkwiderstand (Resistanz) R

$R = Z \cos \varphi$

Z Scheinwiderstand
φ Phasenverschiebungswinkel zwischen Spannung und Strom

Blindwiderstand (Reaktanz) X

$X = Z \sin \varphi$

Effektivwert (quadratischer Mittelwert) **von Wechselspannung und Wechselstrom**

$U_{\text{eff}} = \dfrac{1}{\sqrt{2}} \hat{U} = 0{,}707\,\hat{U};\quad I_{\text{eff}} = \dfrac{1}{\sqrt{2}} \hat{I} = 0{,}707\,\hat{I}$

$\boxed{U_{\text{eff}} = Z I_{\text{eff}}}$

$\hat{U}$ Scheitelwert der Spannung
$\hat{I}$ Scheitelwert des Stromes
Z Scheinwiderstand

Doppelweggleichgerichteter Wechselstrom

$U_m = \dfrac{2}{\pi} \hat{U} = 0{,}637\,\hat{U}$

$I_m = \dfrac{2}{\pi} \hat{I} = 0{,}637\,\hat{I}$

$\hat{U}$ bzw. U_m Scheitel- bzw. Mittelwert der Spannung
$\hat{I}$ bzw. I_m Scheitel- bzw. Mittelwert des Stromes

Wechselstromkreis

Ohm'scher Widerstand R eines Verbrauchers

$U(t) = R\, I(t)$

$X = 0;\quad Z = R;\quad \varphi = 0$

$U(t)$ momentane Spannung am Verbraucher
$I(t)$ momentane Stromstärke im Verbraucher
X Blindwiderstand
Z Scheinwiderstand

Induktiver Widerstand ωL einer Spule

$U(t) = L\, \dot{I}(t)$

$X = \omega L;\quad Z = \omega L;\quad \varphi = \pi/2$

$U(t)$ momentane Spannung an der Spule
ω Kreisfrequenz
L Induktivität
$\dot{I}(t)$ Ableitung der Stromstärke in der Spule nach der Zeit t
φ Phasenverschiebungswinkel zwischen Spannung und Strom

5.4 Wechselspannung und Wechselstrom (sinusförmig)

Kapazitiver Widerstand $1/(\omega C)$ eines Kondensators

$$U(t) = \frac{1}{C} Q(t)$$

$$X = -\frac{1}{\omega C}; \quad Z = \frac{1}{\omega C}; \quad \varphi = -\pi/2$$

$U(t)$ momentane Spannung am Kondensator
ω Kreisfrequenz
C Kapazität
$Q(t)$ momentane Kondensatorladung

Hintereinanderschaltung eines ohmschen, induktiven und kapazitiven Widerstandes

$$X = \omega L - \frac{1}{\omega C}$$

$$Z = \sqrt{R^2 + \left(\omega L - \frac{1}{\omega C}\right)^2}$$

$$\tan \varphi = \frac{\omega L - \frac{1}{\omega C}}{R}$$

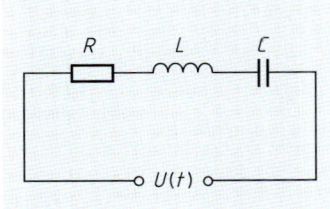

R ohmscher Widerstand eines Verbrauchers, hier auch Wirkwiderstand des Wechselstromkreises

Speziell Maximum von $\hat{I}$ bzw. I_{eff}: $X = 0$; $Z = R$; $\varphi = 0$

$$\omega = \frac{1}{\sqrt{LC}} \qquad f = \frac{1}{2\pi \sqrt{LC}}$$

f Frequenz

Hintereinanderschaltung eines ohmschen und induktiven Widerstandes

$$X = \omega L$$

$$Z = \sqrt{R^2 + \omega^2 L^2}$$

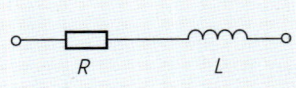

Hintereinanderschaltung eines ohmschen und kapazitiven Widerstandes

$$X = -\frac{1}{\omega C}$$

$$Z = \sqrt{R^2 + \frac{1}{\omega^2 C^2}}$$

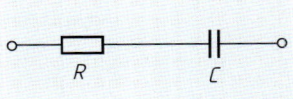

Parallelschaltung eines ohmschen, induktiven und kapazitiven Widerstandes

$$\frac{1}{Z} = \sqrt{\frac{1}{R^2} + \left(\omega C - \frac{1}{\omega L}\right)^2}$$

$$\tan \varphi = R\left(\frac{1}{\omega L} - \omega C\right)$$

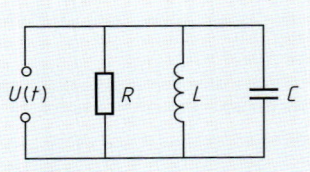

R ohmscher Widerstand eines Verbrauchers
Wirkwiderstand: $Z \cos \varphi$

Speziell Minimum von $\hat{I}$ bzw. I_{eff}: $\omega = \frac{1}{\sqrt{LC}}$
$X = 0$; $Z = R$; $\varphi = 0$

5 Elektrizität und Magnetismus

Wechselstromleistung

Momentane Leistung $P(t)$

$P(t) = U(t)\, I(t)$

Einheit: $1\,\text{VA} = 1\,\text{Watt W}$

$U(t)$ momentane Spannung
$I(t)$ momentane Stromstärke

Wirkleistung P_p

$$P_p = \frac{1}{T} \int_0^T P(t)\, dt$$

$P(t)$ momentane Leistung
T Periodendauer

$$\boxed{P_p = U_{\text{eff}}\, I_{\text{eff}} \cos \varphi}$$

U_{eff} bzw. I_{eff} Effektivwerte von Spannung bzw. Stromstärke
$\cos \varphi$ Leistungsfaktor

Blindleistung P_q

$P_q = U_{\text{eff}}\, I_{\text{eff}} \sin \varphi$

U_{eff} bzw. I_{eff} Effektivwerte von Spannung bzw. Stromstärke
φ Phasenverschiebungswinkel zwischen Spannung und Stromstärke

Scheinleistung P_s

$P_s = U_{\text{eff}}\, I_{\text{eff}} = \sqrt{P_q^2 + P_p^2}$

U_{eff} bzw. I_{eff} Effektivwerte von Spannung bzw. Stromstärke
P_p Wirkleistung
P_q Blindleistung

Transformator

Kennzeichen

$\Phi_1 = \Phi_2 = \Phi_{\text{ges}}$
$P_{p,1} = U_{\text{eff},1}\, I_{\text{eff},1} \cos \varphi_1$
$P_{p,2} = U_{\text{eff},2}\, I_{\text{eff},2} \cos \varphi_2$

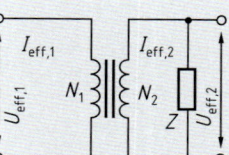

Index 1: Primärkreis (Primärspule)
Index 2: Sekundärkreis (Sekundärspule)
Φ magnetischer Fluss
P_p Wirkleistung
U_{eff} bzw. I_{eff} Effektivwert der Spannung bzw. der Stromstärke
φ Phasenverschiebungswinkel zwischen Spannung und Strom
N Windungszahl der Spule

Übersetzungsverhältnis $\ddot{u}$:
$\ddot{u} = U_{\text{eff},1} : U_{\text{eff},2} = N_1 : N_2$

Unbelasteter Transformator $(Z \to \infty)$

$\varphi_1 = \pi/2;\quad I_{\text{eff},2} = 0$

Z Scheinwiderstand im Sekundärkreis

Stark belasteter Transformator $(Z \to 0)$

$\varphi_1 = \varphi_2$
$I_{\text{eff},2} : I_{\text{eff},1} = U_{\text{eff},1} : U_{\text{eff},2} = \ddot{u}$

$\ddot{u}$ Übersetzungsverhältnis

Dreiphasenstrom (Drehstrom) bei gleichmäßiger Belastung

(nur 1 Verbraucher eingezeichnet)

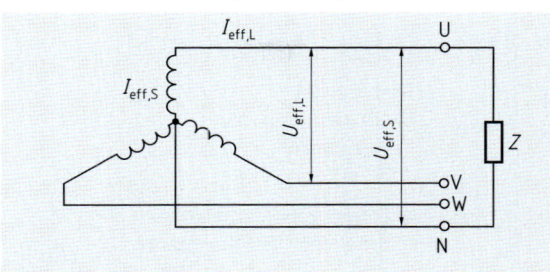
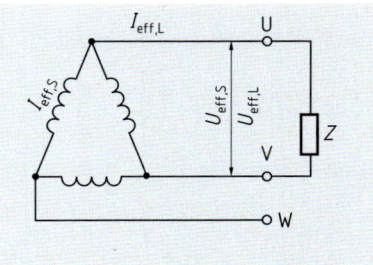

Sternschaltung:
$U_{eff,L} = \sqrt{3}\, U_{eff,S}$; $I_{eff,L} = I_{eff,S}$

Dreieckschaltung:
$I_{eff,L} = \sqrt{3}\, I_{eff,S}$; $U_{eff,L} = U_{eff,S}$

Gesamte Scheinleistung: $P_s = \sqrt{3}\, U_{eff,L}\, I_{eff,L}$
Gesamte Wirkleistung: $P_p = P_s \cos\varphi$

$U_{eff,L}$ bzw. $U_{eff,S}$ Effektivwerte der Leiter- bzw. Strangspannung
$I_{eff,L}$ bzw. $I_{eff,S}$ Effektivwerte des Leiter- bzw. Strangstromes
φ Phasenverschiebungswinkel zwischen Strom und Spannung
Z Scheinwiderstand in den einzelnen Außenleitern

5.5 Elektromagnetische Schwingungen und Wellen

Elektromagnetische Schwingungen

Periodendauer T

$$T = 2\pi\sqrt{LC}$$

L Induktivität
C Kapazität

Schwingungsenergie W

$$W = \tfrac{1}{2} L \hat{I}^2 = \tfrac{1}{2} C \hat{U}^2$$

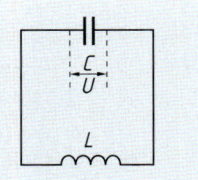

$\hat{I}, \hat{U}$ Scheitelwerte von Stromstärke und Kondensatorspannung

Frequenz f

$$\boxed{f = \frac{1}{2\pi\sqrt{LC}}}$$ (Formel von Thomson)

L Induktivität
C Kapazität

Elektromagnetische Wellen

Wellenlänge λ_n

$$\boxed{\lambda_n = \frac{c_n}{f}}$$

c_n Ausbreitungsgeschwindigkeit im Medium mit der Brechzahl n
f Frequenz

5 Elektrizität und Magnetismus

Brechzahl n

$n = \sqrt{\varepsilon_r \mu_r}$

ε_r Permittivitätszahl
μ_r Permeabilitätszahl

Ausbreitungsgeschwindigkeit c_n

$c_n = \dfrac{c}{n} = \dfrac{1}{\sqrt{\varepsilon \mu}}$

ε Permittivität
n Brechzahl (Tab. 18)
μ Permeabilität

Speziell Vakuum:

$\boxed{c = \dfrac{1}{\sqrt{\varepsilon_0 \mu_0}}}$

ε_0 elektrische Feldkonstante
μ_0 magnetische Feldkonstante

Resonanz beim Lechersystem

a) geschlossenes Ende:

$l_k = 2k \dfrac{\lambda}{4}$

$k = 1, 2, 3, \ldots$

λ Wellenlängen der interferierenden Wellen
l_k Länge des Doppelleiters bei Resonanz

b) offenes Ende:

$l_k = (2k-1)\dfrac{\lambda}{4}$

$k = 1, 2, 3, \ldots$

5.6 Stromleitung in Elektrolyten

Masse m des an einer Elektrode umgesetzten Stoffes

$\boxed{m = \ddot{A}Q = \ddot{A}It}$ (Gesetz von Faraday)

$\ddot{A} = \dfrac{I_r}{z} \dfrac{u}{e}$

$\ddot{A} = 1{,}03643 \cdot 10^{-8} \, \dfrac{\text{kg}}{\text{C}} \, \dfrac{I_r}{z}$

$\ddot{A}$ elektrochemisches Äquivalent des umgesetzten Stoffes (*Einheit:* 1 kg/C)
Q transportierte Ladung
I Strom
t Zeit
I_r relative Ionenmasse der umgesetzten Ionenart (siehe S. 40)
z Wertigkeit des Ions
e Elementarladung
u atomare Masseneinheit (Tab. 1)

Transportierte Ladung Q zu einer Elektrode

$\boxed{Q = zFv}$

$F = N_A e$

$F = 9{,}6485 \cdot 10^7 \, \dfrac{\text{C}}{\text{kmol}}$

F Faradaykonstante
v Stoffmenge des an einer Elektrode umgesetzten Stoffes (siehe S. 39)
N_A Avogadrokonstante (Tab. 1)

5.7 Geladenes Teilchen im stationären elektrischen und magnetischen Feld

Kraft $\vec{F}_E$ im elektrischen Feld

$$\boxed{\vec{F}_E = \pm q\,\vec{E}}$$

$\pm q$ Ladung des Teilchens
$\vec{E}$ elektrische Feldstärke

Kraft $\vec{F}_B$ im magnetischen Feld (Lorentzkraft)

$$\boxed{\vec{F}_B = \pm q\,(\vec{v} \times \vec{B})}$$

Speziell $\vec{v} \perp \vec{B}$: Kreisbahn

$mv = Bqr$

$\pm q$ Ladung des Teilchens
$\vec{B}$ Flussdichte des magnetischen Feldes
$\vec{v}$ Geschwindigkeit des Teilchens
m Masse des Teilchens
r Radius der Kreisbahn

Kraft $\vec{F}$ im elektrischen und magnetischen Feld

$$\vec{F} = \pm q\,(\vec{E} + \vec{v} \times \vec{B})$$

Translationsenergie W_{trans} nach Durchlaufen der Spannung U

$$\boxed{W_{trans} = qU}$$

q Ladungsbetrag des Teilchens
e Elementarladung

Speziell $q = e$ und $U = 1\,\text{V}$:
$W_{trans} = 1$ Elektronenvolt eV $= 1{,}602 \cdot 10^{-19}\,\text{W s}$

Endgeschwindigkeit v eines Elektrons nach Durchlaufen der Spannung U im Vakuum

$$v = \sqrt{2\,\frac{e}{m_e}\,U} \quad (U < 20\,\text{kV})$$

$m_e = 9{,}109 \cdot 10^{-31}\,\text{kg}$

$e/m_e = 1{,}76 \cdot 10^{11}\,\dfrac{\text{C}}{\text{kg}}$

e Elementarladung
m_e Masse des Elektrons
e/m_e spezifische Ladung des Elektrons

Glühelektrischer Effekt

Stromdichte J der austretenden Glühelektronen:

$$J = CT^2\,e^{-\frac{\Delta W_{th}}{kT}} \quad \text{(Gesetz von Richardson)}$$

T absolute Temperatur der Glühkatode
C Mengenkonstante
k Boltzmannkonstante (Tab. 1)
ΔW_{th} thermische Austrittsarbeit

Röhrendiode

a) Anlaufstrom:
$I_A = I_s\,e^{U_A/U_T}$

b) Raumladungsstrom:
$I_A = K\,U_A^{3/2}$
(Gesetz von Schottky-Langmuir)

c) Sättigungsstrom:
$I_A = I_s$ (ohne Schottky-Effekt)

I_A Anodenstrom
U_A Anodenspannung
U_T Temperaturspannung
I_s Sättigungsstrom
K Konstante

5.8 Halbleiterbauelemente

Diode

$I = I_s(e^{U/U_T} - 1)$
für $U > U_{DB}$

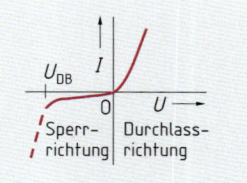

Temperaturspannung U_T:

$U_T = \dfrac{kT}{e}$

U_{DB} Durchbruchspannung
U_T Temperaturspannung
I_s Sperrsättigungsstrom

k Boltzmannkonstante
T absolute Temperatur
e Elementarladung

Transistor (pnp)

Statische Kenngrößen bei Emitterschaltung

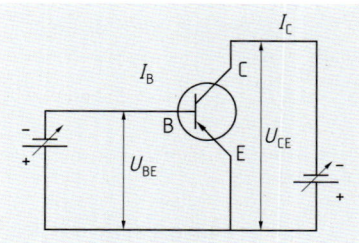

E Emitter
B Basis
C Kollektor

Steilheit S:

$S = \left|\dfrac{\Delta I_C}{\Delta U_{BE}}\right|$

U_{CE} = konst.

ΔI_C Kollektorstromänderung, die durch die Änderung der Basis-Emitter-Spannung ΔU_{BE} bewirkt wird bei konstanter Kollektor-Emitter-Spannung U_{CE}

Eingangsleitwert G_{ein}:

$G_{ein} = \left|\dfrac{\Delta I_B}{\Delta U_{BE}}\right|$

U_{CE} = konst.

ΔI_B Basisstromänderung, die durch die Änderung der Basis-Emitter-Spannung ΔU_{BE} bewirkt wird bei konstanter Kollektor-Emitter-Spannung U_{CE}

Ausgangsleitwert G_{aus} bzw. G^*_{aus}:

$G_{aus} = \left|\dfrac{\Delta I_C}{\Delta U_{CE}}\right|; \quad G^*_{aus} = \left|\dfrac{\Delta I_C}{\Delta U_{CE}}\right|$

U_{BE} = konst. $\quad I_B$ = konst.

ΔI_C Kollektorstromänderung, die durch die Änderung der Kollektor-Emitter-Spannung ΔU_{CE} bewirkt wird bei konstanter Basis-Emitter-Spannung U_{BE} bzw. konstantem Basisstrom I_B

Kurzschlussstromverstärkung β:

$\beta = \left|\dfrac{\Delta I_C}{\Delta I_B}\right|$

U_{CE} = konst.

ΔI_C Kollektorstromänderung, die durch die Basisstromänderung ΔI_B bewirkt wird bei konstanter Kollektor-Emitter-Spannung U_{CE}

6 Optik

6.1 Strahlenoptik

Reflexion

Reflexionsgesetz

$\alpha = \alpha'$

Einfallender Strahl, Flächenlot und reflektierter Strahl liegen in einer Ebene.

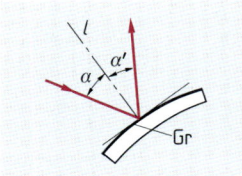

l Flächenlot im Auftreffpunkt des Strahles auf die Grenzfläche Gr
α Einfallswinkel
α' Reflexionswinkel bei gerichteter Reflexion

Abbildung durch Spiegel

Konkavspiegel (Hohlspiegel): $f > 0$ Konvexspiegel (Wölbspiegel): $f < 0$

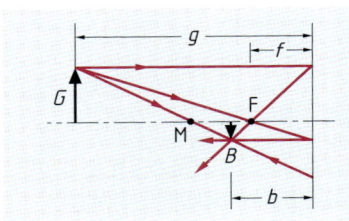 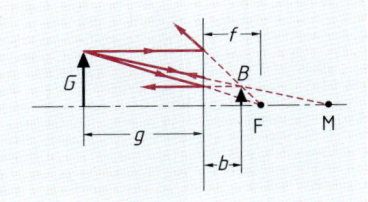

Bildkonstruktionen

Abbildungsgleichung:

$$\boxed{\frac{1}{f} = \frac{1}{g} + \frac{1}{b}}$$

f Brennweite
g Gegenstandsweite
b Bildweite (negativ bei virtuellem Bild)

Abbildungsmaßstab β:

$$\boxed{\beta = \frac{B}{G} = -\frac{b}{g}}$$

G Gegenstandsgröße
B Bildgröße (negativ bei umgekehrtem Bild)

Brennweite f:

$$f = \frac{r}{2}$$

r Krümmungsradius (negativ beim Wölbspiegel)

Ebener Spiegel:
$b = -g$
$B = G$

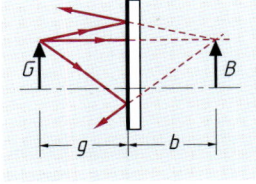

Drehspiegel:
$\delta = 2\gamma$

γ Drehwinkel des Spiegels
δ Ablenkungswinkel des reflektierten Strahls

6 Optik

Winkelspiegel:
$\delta = 180° - 2\gamma$

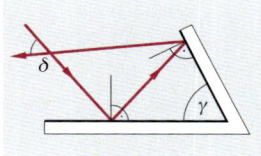

γ Winkel zwischen den Spiegeln
δ Winkel zwischen einfallendem und reflektiertem Strahl

Brechung

Brechzahl n eines Stoffes (Tab. 18)
(Brechungsindex, -koeffizient, -quotient)

$n = \dfrac{c}{c_n} = \dfrac{\lambda}{\lambda_n}$

c Lichtgeschwindigkeit in Luft
c_n Lichtgeschwindigkeit im Stoff mit der Brechzahl n
λ Wellenlänge des Lichts in Luft
λ_n Wellenlänge des Lichts im Stoff

Brechungsgesetz

$\dfrac{\sin\alpha_1}{\sin\alpha_2} = \dfrac{n_2}{n_1}$

$\dfrac{\sin\alpha_1}{\sin\alpha_2} = \dfrac{c_1}{c_2} = \dfrac{\lambda_1}{\lambda_2}; \quad f_1 = f_2$

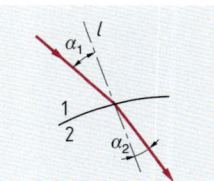

α_1 Einfallswinkel im Stoff 1
α_2 Brechungswinkel im Stoff 2
n_1 bzw. n_2 Brechzahl des Stoffes 1 bzw. 2
c_1 bzw. c_2 Lichtgeschwindigkeit im Stoff 1 bzw. 2
λ_1 bzw. λ_2 Wellenlängen im Stoff 1 bzw. 2
f_1 bzw. f_2 Frequenz im Stoff 1 bzw. 2
α Einfallswinkel in Luft
α_n Brechungswinkel im Stoff
n Brechzahl des Stoffes

Speziell Übergang von Luft in einen Stoff:

$\boxed{\dfrac{\sin\alpha}{\sin\alpha_n} = n} \quad (n > 1)$

Grenzwinkel α_G der Totalreflexion ($\alpha_1 = \alpha_G$; $\alpha_2 = 90°$)

$\sin\alpha_G = \dfrac{n_2}{n_1} \quad (n_1 > n_2)$

n_1 bzw. n_2 Brechzahl des Stoffes 1 bzw. 2

Speziell Grenzfläche Stoff → Luft:

$\boxed{\sin\alpha_G = \dfrac{1}{n}}$

n Brechzahl des Stoffes

Planparallele Platte

Parallelverschiebung s:

$s = \dfrac{d \sin|\alpha_1 - \alpha_2|}{\cos\alpha_2}$

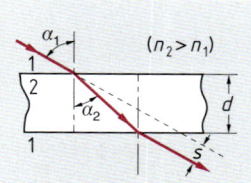

d Plattendicke
α_1 bzw. α_2 Einfalls- bzw. Brechungswinkel
n_1 bzw. n_2 Brechzahl des Stoffes 1 bzw. 2

$s = d \sin\alpha_1 \left(1 - \dfrac{\cos\alpha_1}{\sqrt{(n_2/n_1)^2 - \sin^2\alpha_1}}\right)$

6.1 Strahlenoptik

Prisma

$\delta = \alpha_1 + \alpha_2 - \gamma$ $\qquad \delta$ Ablenkungswinkel

Speziell symmetrischer Strahlengang:
$\alpha_1 = \alpha_2$; δ minimal

$$n = \frac{\sin\frac{1}{2}(\gamma+\delta)}{\sin(\gamma/2)}$$

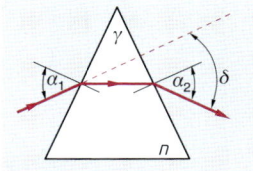

n Brechzahl des Prismenmaterials
α_1 bzw. α_2 Einfalls- bzw. Ausfallswinkel
γ brechender Winkel des Prismas
δ minimaler Ablenkungswinkel

Speziell $\gamma \ll 1$:
$\delta \approx (n-1)\gamma$

Abbildung durch dünne Linsen

Sammellinse: $f > 0$ $\qquad\qquad\qquad$ Zerstreuungslinse: $f < 0$

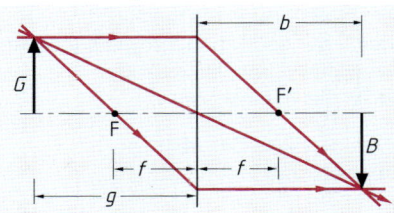 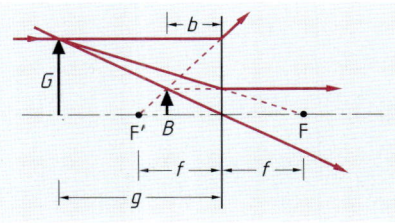

Bildkonstruktionen

Abbildungsgleichung:

$$\boxed{\frac{1}{f} = \frac{1}{g} + \frac{1}{b}}$$

f Brennweite
g Gegenstandsweite
b Bildweite (negativ bei virtuellem Bild)

Abbildungsmaßstab β:

$$\boxed{\beta = \frac{B}{G} = -\frac{b}{g}}$$

G Gegenstandsgröße
B Bildgröße (negativ bei umgekehrtem Bild)

Brechkraft D:

$$D = \frac{1}{f}$$

Einheit: $1\,\text{m}^{-1} = 1$ Dioptrie dpt

f Brennweite

Linsensystem aus 2 unmittelbar benachbarten dünnen Linsen

$\frac{1}{f} = \frac{1}{f_1} + \frac{1}{f_2}$

$D = D_1 + D_2$

f bzw. D Brennweite bzw. Brechkraft des Linsensystems
f_1, f_2 bzw. D_1, D_2 Brennweiten bzw. Brechkräfte der Einzellinsen

Optische Instrumente

Lochkamera

$\frac{B}{G} = -\frac{b}{g}$

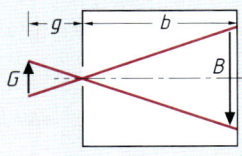

B Bildgröße
G Gegenstandsgröße
b Bildweite
g Gegenstandsweite

6 Optik

Fotoapparat

Relative Objektivöffnung $1/k$ (Lichtstärke des Objektivs):

$1/k = d/f$

d wirksamer Durchmesser des Objektivs (Eintrittspupille)
f Objektivbrennweite

Blendenzahl k:

$k = f/d$

Belichtungszeiten für gleiche Lichtmengen:

$t_1 : t_2 = k_1^2 : k_2^2$

t_1 bzw. t_2 Belichtungszeit bei der Blendenzahl k_1 bzw. k_2

Vergrößerung v

$v = \dfrac{\varepsilon_m}{\varepsilon}$

ε Sehwinkel, unter dem der Gegenstand dem bloßen Auge erscheint (Fernrohr) oder in der deutlichen Sehweite erscheinen würde (Lupe, Mikroskop)
ε_m Sehwinkel mit Instrument

Speziell Lupe:

$v = s_0/f$

$s_0 = 25$ cm deutliche Sehweite
f Brennweite

Speziell Mikroskop:

$v = \dfrac{t\, s_0}{f_{obj}\, f_{ok}}$

t optische Tubuslänge (Abstand zwischen den benachbarten Brennpunkten von Objektiv und Okular)
f_{obj} bzw. f_{ok} Objektiv- bzw. Okularbrennweite

Speziell Fernrohr (astronomisches und holländisches Fernrohr):

$v = f_{obj}/|f_{ok}|$

f_{obj} Objektivbrennweite
f_{ok} Okularbrennweite

6.2 Wellenoptik

Wellenlänge λ_n in einem Stoff

Einheit: 1 m

$\boxed{\lambda_n = \dfrac{c_n}{f}}$ $\lambda_n = \dfrac{\lambda}{n}$

c_n Ausbreitungsgeschwindigkeit der Lichtwellen im Stoff mit der Brechzahl n
f Frequenz
λ Wellenlänge in Luft

Optischer Weg s_{opt} in einem Stoff mit der Brechzahl n

Ohne Reflexion an einem optisch dichteren Stoff:

$s_{opt} = s_{geom}\, n$

s_{geom} geometrischer Weg des Strahles

Mit Reflexion an einem optisch dichteren Stoff:

$s_{opt} = \left(s_{geom} \pm \dfrac{\lambda_n}{2}\right) n = s_{geom}\, n \pm \dfrac{\lambda}{2}$

λ_n bzw. λ Wellenlänge in dem Ausbreitungsmedium bzw. in Luft
n Brechzahl des Ausbreitungsmediums

Gangunterschied Δs_{opt} zweier Strahlen 1 und 2

$\Delta s_{opt} = s_{opt,1} - s_{opt,2}$

$s_{opt,1}$ bzw. $s_{opt,2}$ optischer Weg des Strahles 1 bzw. 2

6.2 Wellenoptik

Phasendifferenz $\Delta\varphi$ zweier Strahlen 1 und 2

$\Delta\varphi = 2\pi \dfrac{\Delta s_{opt}}{\lambda}$

Δs_{opt} optischer Gangunterschied der Strahlen
λ Wellenlänge in Luft

Überlagerung (Interferenz) zweier kohärenter Strahlen

Gangunterschied Δs_{opt} bei Auslöschung:

$\Delta s_{opt} = (2k+1)\dfrac{\lambda}{2}; \quad k = 0, \pm 1, \pm 2, \ldots$

λ Wellenlänge in Luft

Gangunterschied Δs_{opt} bei maximaler Verstärkung:

$\Delta s_{opt} = k\lambda; \quad k = 0, \pm 1, \pm 2, \ldots$

Interferenz durch Reflexion an dünnen Schichten bei senkrechtem Lichteinfall

Schicht mit der Brechzahl n in Luft:

$\Delta s_{opt} = 2dn \pm \dfrac{\lambda}{2}$

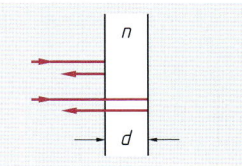

λ Wellenlänge in Luft
d Schichtdicke

Eingeschlossene Luftschicht in einem Stoff mit der Brechzahl n:

$\Delta s_{opt} = 2d \pm \dfrac{\lambda}{2}$

Newtonsche Ringe

Radius ϱ_k des k-ten dunklen Ringes in Reflexion bei senkrechtem Einfall:

$\varrho_k = \sqrt{k\lambda r}$

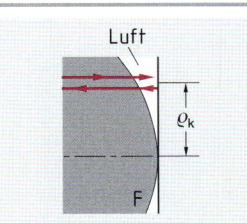

r Radius der Kugelfläche F
λ Wellenlänge der monochromatischen Strahlung in Luft
k 1, 2, 3, …

Beugung am Spalt bei senkrechtem Einfall

Ablenkungswinkel α_k für Minima:

$\sin\alpha_k = k\dfrac{\lambda}{b}$

$k = \pm 1, \pm 2, \ldots$

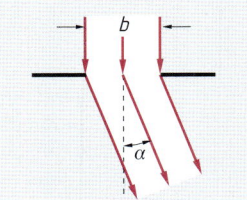

b Spaltbreite
λ Wellenlänge der einfallenden Strahlung

Beugung am Doppelspalt bei senkrechtem Einfall

Ablenkungswinkel α_k für Minima:

$\sin\alpha_k = \left(k+\dfrac{1}{2}\right)\dfrac{\lambda}{d}, \quad k = 0, \pm 1, \pm 2, \ldots$

d Abstand der Spaltmitten
λ Wellenlänge der einfallenden Strahlung

Ablenkungswinkel α_k für maximale Verstärkung:

$\sin\alpha_k = k\dfrac{\lambda}{d}, \quad k = 0, \pm 1, \pm 2, \ldots$

6 Optik

Beugung am Strichgitter bei senkrechtem Einfall

Ablenkungswinkel α_k für Hauptmaxima:

$$\boxed{\sin \alpha_k = k \frac{\lambda}{g}}$$

$k = 0, \pm 1, \pm 2, \ldots$

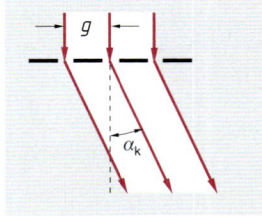

g Gitterkonstante
λ Wellenlänge der einfallenden Strahlung

Speziell Beobachtung in der Brennebene einer Sammellinse

$\tan \alpha_k = z_k / f$

Speziell kleine Winkel α_k:

$\lambda = \dfrac{z_k g}{k f}; \quad k = 1, 2, 3, \ldots$

z_k Abstand des k-ten Hauptmaximums vom 0-ten Hauptmaximum in der Brennebene der Linse
f Brennweite der Sammellinse

Beugung an kreisförmiger Öffnung bei senkrechtem Einfall

Ablenkungswinkel α_k für Minima:
$\sin \alpha_1 = 0{,}610 \, (\lambda/R)$
$\sin \alpha_2 = 1{,}116 \, (\lambda/R)$
$\sin \alpha_3 = 1{,}619 \, (\lambda/R)$
......

λ Wellenlänge der Strahlung
R Radius der Öffnung

Beugung am Raumgitter (Kristall) für Röntgenstrahlung ($n = 1$)

Einfallswinkel ($\pi/2 - \vartheta_k$) der Strahlung, für die Reflexion eintritt:

$2 d \sin \vartheta_k = k \lambda$
$k = 1, 2, 3, \ldots$

(Gesetz von Bragg)

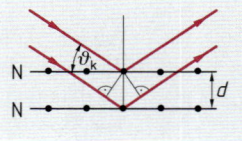

N Netzebenen des Kristalls, an denen Reflexion eintritt
d Netzebenenabstand
λ Wellenlänge der Strahlung
ϑ_k Glanzwinkel

Polarisation durch Reflexion

Polarisationswinkel α_P:

$\boxed{\tan \alpha_P = n}$ (Gesetz von Brewster)

α_P Einfallswinkel, bei dem vollständige Polarisation des reflektierten Lichtes eintritt
n Brechzahl des reflektierenden Stoffes

Optischer Dopplereffekt im Vakuum

$f_E = f_S \dfrac{\sqrt{1 - \beta^2}}{1 \pm \beta}; \quad \beta = \dfrac{v}{c}$

+Zeichen: Entfernung
−Zeichen: Annäherung

f_E gemessene Frequenz beim Empfänger
f_S abgestrahlte Frequenz des Senders
v Relativgeschwindigkeit zwischen Sender und Beobachter, die sich auf der gleichen Geraden bewegen
c Vakuumlichtgeschwindigkeit

Speziell $v \ll c$:

$|\Delta f| \approx f_S \cdot \beta; \quad |\Delta \lambda| \approx \lambda_S \cdot \beta$

$\lambda_E = c / f_E$ Wellenlänge beim Empfänger
$\Delta f = f_E - f_S; \quad \Delta \lambda = \lambda_E - \lambda_S; \quad \lambda_S = c / f_S$

6.3 Photometrie

Raumwinkel Ω

$\Omega = \dfrac{A_K}{r_K^2}$ sr

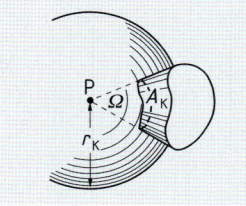

Einheit: 1 Steradiant sr ≡ 1

A_K Stück einer Kugelfläche
r_K Radius der Kugel

Lichtstrom Φ

Einheit: 1 Lumen lm = 1 cd sr

Die Strahlungsleistung 1 W von Licht der Wellenlänge 555 nm entspricht physiologisch dem Lichtstrom 688 lm.

Speziell Kugelleuchte:

$\Phi = 4\pi I$ sr

I räumlich konstante Lichtstärke

Lichtstärke[1] I

$I = \dfrac{\Phi}{\Omega_1}$

Einheit: **1 Candela cd**

Φ Lichtstrom, der in den Raumwinkel Ω_1 ausgestrahlt wird

Leuchtdichte L

$L = \dfrac{I}{A_1'}$

Leuchtdichte L einer diffus reflektierenden Fläche:

$\dfrac{L}{\text{cd}/\text{m}^2} = \dfrac{\varrho}{\pi}\dfrac{E}{\text{lx}}$

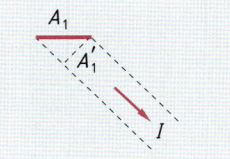

Einheit: 1 cd/m²

I Lichtstärke einer Fläche A_1 in Richtung zum Beobachter
A_1' Sichtfläche der Leuchte

E Beleuchtungsstärke
ϱ Reflexionsgrad

Beleuchtungsstärke E

$E = \dfrac{\Phi}{A_2}$

Photometrisches Abstandsgesetz:

$E = \dfrac{I}{r_{1,2}^2}\,\text{sr}\,\cos\vartheta_2$

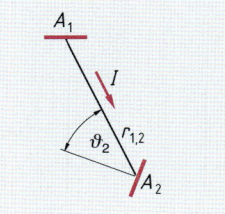

Speziell $\vartheta_2 = 0$:

$\boxed{E = \dfrac{I}{r_{1,2}^2}\,\text{sr}}$

Speziell horizontale Sender- und Empfängerfläche:

$E = I\,\text{sr}\,\dfrac{h}{(a^2+h^2)^{3/2}}$

Einheit: 1 lm/m² = 1 Lux lx

Φ Lichtstrom, der auf die Empfängerfläche A_2 trifft

I Lichtstärke des Senders in Richtung zur Empfängerfläche A_2
ϑ_2 Winkel zwischen Bestrahlungsrichtung und der Flächennormalen

h Höhe der Leuchte über der Empfängerfläche A_2
a horizontaler Abstand zwischen der Leuchte und A_2

---

[1] Basisgröße

7 Quanten und Atome
7.1 Quantenphysik

Lichtelektrischer Effekt

$W = \Delta W_a + W_{trans}$

- W Energie des ablösenden Photons
- ΔW_a photoelektrische Arbeit für die Ablösung eines Elektrons
- W_{trans} Translationsenergie des Photoelektrons

Photonenenergie W

$\boxed{W = hf}$

$h = 6{,}6261 \cdot 10^{-34}\,\text{J}\,\text{s}$

Einheit: 1 J
          1 eV = $1{,}602 \cdot 10^{-19}$ J

- h Planckkonstante
- f Frequenz der zugeordneten elektromagnetischen Welle

Photonenmasse m

$m = \dfrac{hf}{c^2}; \quad m_0 = 0$

- h Planckkonstante
- f Frequenz
- c Lichtgeschwindigkeit
- m_0 Ruhemasse

Photonenimpuls p

$p = \dfrac{h}{\lambda} = \dfrac{hf}{c}$

$p = mc$

- h Planckkonstante
- λ Wellenlänge der zugeordneten elektromagnetischen Welle
- f Frequenz
- c Lichtgeschwindigkeit
- m Photonenmasse

Materiewellenlänge λ eines Teilchens

$\lambda = \dfrac{h}{p} = \dfrac{h}{mv}$ (Gesetz von de Broglie)

- p Impuls
- m relativistische Masse
- v Geschwindigkeit des Teilchens
- h Planckkonstante

Röntgenbremsstrahlung

Grenzfrequenz f_{gr}:

$f_{gr} = \dfrac{eU_b}{h}$

- U_b Beschleunigungsspannung der Elektronen
- e Elementarladung

Unschärferelation von Heisenberg

$\Delta x\, \Delta p_x \geq h/4\pi$

$\Delta W\, \Delta t \geq h/4\pi$

- Δp_x Unschärfe des Impulses in Richtung der Ortskoordinate x
- Δx Unschärfe der Ortskoordinate x
- ΔW bzw. Δt Unschärfe der Energie bzw. der Zeit

7.2 Atomhülle

Bohr-Atommodell des Wasserstoffatoms

Erstes Postulat von Bohr

Das Elektron der Hülle des Wasserstoffatoms kann nur bestimmte Energiewerte W_n einnehmen, die bestimmten Kreisbahnen mit den Radien r_n entsprechen.

$$2\pi m_e r_n v_n = nh \qquad n = 1, 2, 3, \ldots$$

- v_n Bahngeschwindigkeit
- n Hauptquantenzahl
- m_e Ruhemasse des Elektrons
- h Planckkonstante

Zweites Postulat von Bohr

Bei einem Sprung des Elektrons von einer Bahn mit der Energie W_1 auf eine andere der Energie W_2 wird ein Photon absorbiert oder emittiert, dessen zugeordnete Frequenz f folgende Gleichung erfüllt:

$$hf = |W_2 - W_1|$$

W_2 bzw. W_1 Energie des Elektrons auf den Bahnen mit der Hauptquantenzahl n_2 bzw. n_1

Radius r_n der n-ten Kreisbahn

$$r_n = r_1 n^2; \quad r_1 = \frac{\varepsilon_0 h^2}{\pi e^2 m_e} = 5{,}292 \cdot 10^{-11}\,\text{m}$$

(Bohrscher Radius)

- ε_0 elektrische Feldkonstante
- e Elementarladung
- n Hauptquantenzahl

Bahngeschwindigkeit v_n

$$v_n = v_1 \frac{1}{n}; \quad v_1 = \frac{e^2}{2\varepsilon_0 h} = 2{,}188 \cdot 10^6\,\text{m/s}$$

Energie W_n des Elektrons auf der n-ten Kreisbahn

$$W_n = W_\infty - W^* \frac{1}{n^2}; \quad W^* = \frac{e^4 m_e}{8 \varepsilon_0^2 h^2} = 13{,}6\,\text{eV}$$

W_∞ potentielle Energie des abgetrennten Elektrons in Bezug auf den Kern

1. Energieskala: $W_\infty = 0$

$$W_n = -W^* \frac{1}{n^2}$$

W_n Bindungsenergie (negativ)

2. Energieskala: $W_1 = 0$; $W_\infty = W^*$

$$W_n = W^* \left(1 - \frac{1}{n^2}\right)$$

- W_n Anregungsenergie (positiv)
- W_∞ Ionisierungsenergie

Wellenlänge λ bzw. Frequenz f eines absorbierten oder emittierten Photons

$$\frac{1}{\lambda} = R_\infty \cdot \left(\frac{1}{n_1^2} - \frac{1}{n_2^2}\right); \quad f = R_\infty^* \cdot \left(\frac{1}{n_1^2} - \frac{1}{n_2^2}\right)$$

$$R_\infty = 1{,}0973732 \cdot 10^7\,\text{m}^{-1}; \quad R_\infty^* = 3{,}289842 \cdot 10^{15}\,\text{Hz}$$

- n_1, n_2 Hauptquantenzahlen ($n_2 > n_1$)
- R_∞ Rydbergkonstante für Wasserstoff
- R_∞^* Rydbergfrequenz für Wasserstoff

Speziell $n_1 = 2$; $n_2 = 3, 4, 5, 6, \ldots$: Balmer-Serie

Wellenlängen der sichtbaren Linien in nm:
656,28 (H_α); 486,13 (H_β); 434,05 (H_γ); 410,17 (H_δ)

7 Quanten und Atome

Vielelektronensysteme

Aufbau der Atomhülle und Periodensystem der Elemente (PSE) Ausschlagtafel

Schalenbezeichnung und Besetzung:

Hauptquantenzahl n	1	2	3	4	5	6	7
Schale	K	L	M	N	O	P	Q

Maximale Besetzungszahl N_{max}:
$N_{max} = 2n^2$

Unterschalen:

Nebenquantenzahl l	0	1	2	3
Elektronenzustände	s	p	d	f

Maximale Besetzungszahl N_{max}:
$N_{max} = 2(2l+1);\quad l = 0, 1, 2, \ldots, (n-1)$

Charakteristische Röntgenstrahlung

Frequenz f der K_α-Linie:

$$f = R_\infty^* (Z-1)^2 \cdot \frac{3}{4}$$

$R_\infty^* = 3{,}289842 \cdot 10^{15}\,\text{Hz}$

Z Kernladungszahl
R_∞^* Rydbergfrequenz

Translationsenergie W_{trans} eines Elektrons im würfelförmigen, unendlich tiefen Potentialtopf

$$W_{trans} = \frac{h^2}{8\,m_e L^2} \cdot n^2;\quad n^2 = n_x^2 + n_y^2 + n_z^2$$

$n_x = 0, 1, 2, \ldots;\quad n_y = 0, 1, 2, \ldots;\quad n_z = 0, 1, 2, \ldots$

h Planckkonstante
m_e Ruhemasse des Elektrons
L Würfelkantenlänge
n Hauptquantenzahl
n_x, n_y, n_z Nebenquantenzahlen

7.3 Atomkern

Charakteristische Größen eines Atoms

Nukleonenzahl A eines Atoms $^A_Z X$

$\boxed{A = N + Z}$

Speziell isobare Atome: A = konstant

Speziell isotone Atome: N = konstant

Speziell isotope Atome: Z = konstant (Isotop)

N Anzahl der Neutronen im Kern
Z Anzahl der Protonen im Kern
(= Anzahl der Elektronen in der Hülle, Kernladungszahl, Ordnungszahl im PSE, Ausschlagtafel)

Masse $m(^A_Z X)$ eines Atoms $^A_Z X$

$m(^A_Z X) = A_r(^A_Z X) \cdot u$

$u = \frac{1}{12}\, m(^{12}_6 C) = 1{,}66054 \cdot 10^{-27}\,\text{kg}$

$A_r(^A_Z X)$ relative Atommasse
u atomare Masseneinheit
A Nukleonenzahl

Näherungswert: $m(^A_Z X) \approx A \cdot u \approx A \cdot 1{,}66 \cdot 10^{-27}\,\text{kg}$

7.3 Atomkern

Mittlere Masse $m(X)$
der Atome des Elementes X

$m(X) = A_r(X) \cdot u$
$A_r(X) = p_1 A_r(^{A_1}_Z X) + p_2 A_r(^{A_2}_Z X) + \cdots$
$(p_1 + p_2 + \cdots = 1)$

$A_r(X)$ mittlere relative Atommasse (Ausschlagtafel)
u atomare Masseneinheit
p_i bzw. $A_r(^A_Z X)$ relative Häufigkeit bzw. relative Atommasse des Isotops $^A_Z X$

Masse $m_K(^A_Z X)$ des Atomkerns
eines Atoms $^A_Z X$

$m_K(^A_Z X) = m(^A_Z X) - Z m_e$

$m(^A_Z X)$ Atommasse
m_e Elektronenmasse
Z Kernladungszahl

Massendefekt Δm
eines Atoms $^A_Z X$

$\Delta m = Z m_p + N m_n - m_K$
$\Delta m = Z m(^1_1 H) + (A - Z) m_n - m(^A_Z X)$

$\boxed{\Delta m = [Z \cdot 1{,}007276 + (A - Z) \cdot 1{,}008665 - A_r] u}$

Relativer Massendefekt:
$\Delta m_r = \Delta m / u$

$u = 1{,}66054 \cdot 10^{-27}$ kg
$m_p = 1{,}6726 \cdot 10^{-27}$ kg Protonenmasse
$m_n = 1{,}6749 \cdot 10^{-27}$ kg Neutronenmasse
Z Kernladungszahl
N Neutronenzahl
A Nukleonenzahl
m_K Kernmasse
$m(^A_Z X)$ Atommasse
$m(^1_1 H)$ Masse eines Atoms $^1_1 H$ (Wasserstoffatom)
A_r relative Masse eines Atoms $^A_Z X$
u atomare Masseneinheit

Bindungsenergie W_B

$\boxed{W_B = -\Delta m\, c^2}$

$\boxed{W_B = -931{,}49 \text{ MeV } \Delta m_r}$

Δm Massendefekt
c Vakuumlichtgeschwindigkeit
Δm_r relativer Massendefekt

Weizsäcker-Formel

$W_B = -\left[15{,}85 A - 18{,}34 A^{2/3} - 0{,}71 \frac{Z^2}{A^{1/3}} - 23{,}22 \frac{(A - 2Z)^2}{A} + \delta \frac{33{,}4}{A^{3/4}} \right]$ MeV

$\delta = \begin{cases} +1 & \text{für (g, g)-Kerne} \\ 0 & \text{für (u, g)- bzw. (g, u)-Kerne} \\ -1 & \text{für (u, u)-Kerne} \end{cases}$

A Nukleonenzahl
Z Protonenzahl
g gerade Protonen- bzw. Neutronenzahl im Kern
u ungerade Protonen- bzw. Neutronenzahl im Kern

Ungefährer Radius r_K
eines Atomkerns

$r_K = r_0 \sqrt[3]{A}$
$r_0 = 1{,}42 \cdot 10^{-15}$ m $= 1{,}42$ fm

A Nukleonenzahl

7 Quanten und Atome

Radioaktivität

Natürliche Umwandlungen

α-Umwandlung: $\quad {}^A_Z X \rightarrow {}^{A-4}_{Z-2} Y + {}^4_2 He$ $\qquad$ X Ausgangsatom, Y Folgeatom

β^--Umwandlung: $\quad {}^A_Z X \rightarrow {}^A_{Z+1} Y + {}^0_{-1} e$ $\qquad {}^0_{-1} e$ Elektron

β^+-Umwandlung: $\quad {}^A_Z X \rightarrow {}^A_{Z-1} Y + {}^0_{+1} e$ $\qquad {}^0_{+1} e$ Positron

γ-Umwandlung: $\quad {}^A_Z Y^* \rightarrow {}^A_Z Y + \gamma$ $\qquad {}^A_Z Y^*$ angeregter Zustand des Atoms ${}^A_Z Y$

$\qquad\qquad\qquad\;\; {}^A_Z Y^m \rightarrow {}^A_Z Y + \gamma$ $\qquad {}^A_Z Y^m$ isomerer Zustand des Atoms ${}^A_Z Y$

Umwandlungskonstante λ

Einheit: $1\,s^{-1}$

Halbwertszeit t_h

Einheit: $1\,s$

$$t_h = \frac{\ln 2}{\lambda} = \frac{0{,}693}{\lambda}$$

λ $\quad$ Umwandlungskonstante

Zahl $N(t)$ der noch nicht umgewandelten radioaktiven Atome ${}^A_Z X$ nach der Zeit t in einem Präparat

$$N(t) = N(0)\, e^{-\lambda t} = N(0)\, 2^{-t/t_h}$$

λ $\quad$ Umwandlungskonstante
t_h $\quad$ Halbwertszeit
$N(0)$ Anzahl der rad. Atome zur Zeit 0

Aktivität $\mathfrak{A}$ (Umwandlungsrate Z_r)

Einheit: $1\,s^{-1} = 1$ Becquerel Bq
$\qquad\quad\;\;$ 1 Curie Ci $= 3{,}7 \cdot 10^{10}$ Bq

$$\mathfrak{A}(t) = \lim_{\Delta t \to 0} \left|\frac{\Delta N}{\Delta t}\right| = \lambda N(t)$$

$$\mathfrak{A}(t) = \mathfrak{A}(0)\, e^{-\lambda t} = \mathfrak{A}(0)\, 2^{-t/t_h}$$

$$\mathfrak{A}(0) = \lambda N(0)$$

$$\mathfrak{A}(t) = \frac{\lambda m(t)}{A_r u}$$

ΔN $\quad$ Anzahl der umgewandelten Atome in der Zeit Δt
$N(t)$ $\quad$ Anzahl der noch nicht umgewandelten Atome
$\mathfrak{A}(0)$ $\quad$ Aktivität zur Zeit 0
t_h $\quad$ Halbwertszeit
λ $\quad$ Umwandlungskonstante
$m(t)$ $\quad$ Masse aller Atome des Radionuklidanteils im Präparat
A_r $\quad$ relative Atommasse
u $\quad$ atomare Masseneinheit

Energiedosis D

Einheit: 1 Gray Gy $= 1$ J/kg
$\qquad\quad\;\;$ 1 rad rd $= 10^{-2}$ Gy

$$D = \frac{\Delta W}{\Delta m}$$

ΔW $\quad$ absorbierte Energie im Stoff mit der Masse Δm

Äquivalentdosis H

Einheit: 1 Sievert Sv $= 1$ J/kg
$\qquad\quad\;\;$ 1 rem $= 10^{-2}$ Sv

$$H = q D$$

q $\quad$ energieabhängiger Bewertungsfaktor
D $\quad$ Energiedosis

$q = 1$: $\qquad$ Elektronen, Röntgen- und γ-Strahlung
$q = 2$ bis 5: $\quad$ Thermische Neutronen
$q = 10$: $\qquad \alpha$-Teilchen (10 MeV)
$q = 20$: $\qquad \alpha$-Teilchen (1 bis 2 MeV)

7.3 Atomkern

Umwandlungsspinne

Mögliche Umwandlungen (Austauschreaktionen) eines Atoms $^A_Z X$

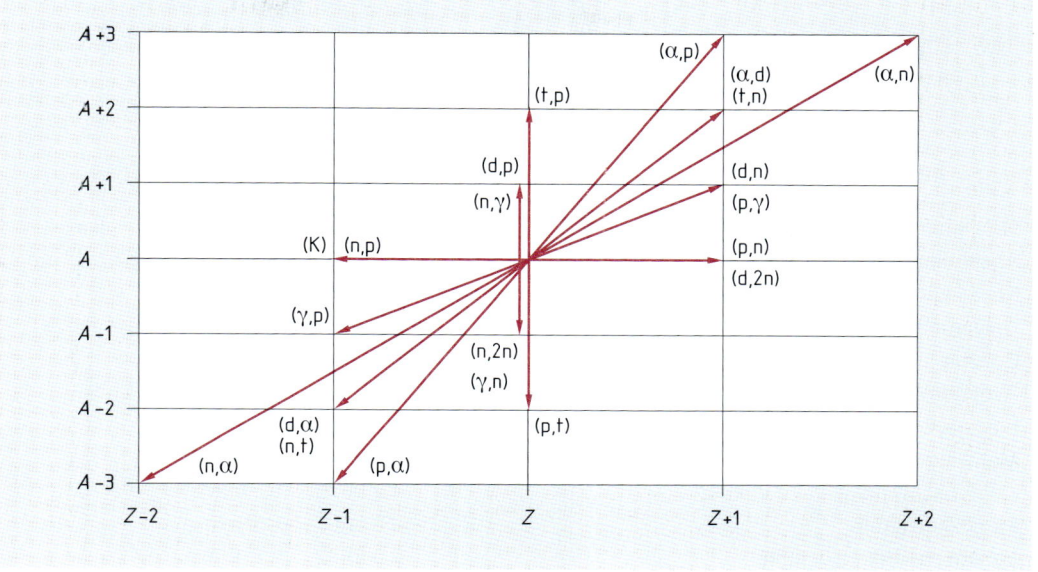

Abkürzungen:
- n Neutron
- p Proton
- d Deuteron
- t Triton
- α Alphateilchen
- γ Gammaquant
- K K-Einfang

Schreibweise:
$A + a \rightarrow B + b$ bzw. $A(a,b)B$
- A Ausgangsatom
- B Endatom
- a Geschossteilchen oder Photon
- b abgestrahltes Teilchen oder Photon

8 Tabellen

Dezimale Vielfache und Teile von Einheiten

E	Exa-	10^{18}	M	Mega-	10^6	d	Dezi-	10^{-1}	n	Nano-	10^{-9}
P	Peta-	10^{15}	k	Kilo-	10^3	c	Zenti-	10^{-2}	p	Pico-	10^{-12}
T	Tera-	10^{12}	h	Hekto-	10^2	m	Milli-	10^{-3}	f	Femto-	10^{-15}
G	Giga-	10^9	da	Deka-	10^1	µ	Mikro-	10^{-6}	a	Atto-	10^{-18}

Tab. 1 Allgemeine Konstanten

Gravitationskonstante		G	$= 6{,}673 \cdot 10^{-11}\,\mathrm{m^3\,kg^{-1}\,s^{-2}}$
Absoluter Nullpunkt der Temperatur		ϑ_0	$= -273{,}15\,°\mathrm{C} \triangleq 0\,\mathrm{K}$
Physikalischer Normaldruck		p_n	$= 1{,}01325 \cdot 10^5\,\mathrm{Pa}$
Universelle Gaskonstante		R	$= 8{,}3145 \cdot 10^3\,\mathrm{J\,K^{-1}\,kmol^{-1}}$
Boltzmannkonstante		k	$= 1{,}38066 \cdot 10^{-23}\,\mathrm{J\,K^{-1}}$
Avogadrokonstante		N_A	$= 6{,}022 \cdot 10^{26}\,\mathrm{kmol^{-1}}$
Faradaykonstante		F	$= 9{,}6485 \cdot 10^7\,\mathrm{A\,s\,kmol^{-1}}$
Molvolumen idealer Gase bei Normalbedingungen		$V_{m,n}$	$= 22{,}414\,\mathrm{m^3\,kmol^{-1}}$
Lichtgeschwindigkeit im Vakuum		c	$= 2{,}99792 \cdot 10^8\,\mathrm{m/s}$
Planckkonstante		h	$= 6{,}6261 \cdot 10^{-34}\,\mathrm{J\,s}$
Elektrische Feldkonstante		ε_0	$= 8{,}8542 \cdot 10^{-12}\,\mathrm{F/m}$
Magnetische Feldkonstante		μ_0	$= 1{,}2566 \cdot 10^{-6}\,\mathrm{H/m}$
Rydbergkonstante für das H-Atom		R_∞	$= 1{,}0973732 \cdot 10^7\,\mathrm{m^{-1}}$
Rydbergfrequenz für das H-Atom		R_∞^*	$= 3{,}289842 \cdot 10^{15}\,\mathrm{Hz}$
Atomare Masseneinheit		u	$= 1{,}66054 \cdot 10^{-27}\,\mathrm{kg}$
Atomare Energieeinheit		$u\,c^2$	$= 931{,}49\,\mathrm{MeV} = 1{,}492 \cdot 10^{-10}\,\mathrm{J}$
Elektron,	Ruhemasse	m_e	$= 9{,}1094 \cdot 10^{-31}\,\mathrm{kg} = 5{,}486 \cdot 10^{-4}\,u$
	Ladung	e	$= 1{,}60218 \cdot 10^{-19}\,\mathrm{A\,s}$
	Spezifische Ladung	e/m_e	$= 1{,}7588 \cdot 10^{11}\,\mathrm{A\,s\,kg^{-1}}$
	Ruheenergie	$m_e c^2$	$= 0{,}5110\,\mathrm{MeV} = 8{,}187 \cdot 10^{-14}\,\mathrm{J}$
Proton,	Ruhemasse	m_p	$= 1{,}6726 \cdot 10^{-27}\,\mathrm{kg} = 1{,}007276\,u$
	Ruheenergie	$m_p c^2$	$= 9{,}3827 \cdot 10^2\,\mathrm{MeV} = 1{,}5033 \cdot 10^{-10}\,\mathrm{J}$
	Spezifische Ladung	e/m_p	$= 9{,}5788 \cdot 10^7\,\mathrm{A\,s\,kg^{-1}}$
Neutron,	Ruhemasse	m_n	$= 1{,}6749 \cdot 10^{-27}\,\mathrm{kg} = 1{,}008665\,u$
	Ruheenergie	$m_n c^2$	$= 9{,}3957 \cdot 10^2\,\mathrm{MeV} = 1{,}5054 \cdot 10^{-10}\,\mathrm{J}$
Deuteron,	Ruhemasse	m_D	$= 3{,}3436 \cdot 10^{-27}\,\mathrm{kg} = 2{,}01355\,u$
α-Teilchen,	Ruhemasse	m_α	$= 6{,}6442 \cdot 10^{-27}\,\mathrm{kg} = 4{,}00151\,u$
H-Atom,	Ruhemasse	m_H	$= 1{,}67356 \cdot 10^{-27}\,\mathrm{kg} = 1{,}007825\,u$

Tab. 2a Dichte ϱ_n in kg/m³ von Gasen bei Normbedingungen

Ammoniak	0,771	Kohlenmonoxid	1,250	Sauerstoff	1,429
Acethylen	1,171	Luft (trocken)	1,293	Schwefeldioxid	2,93
Chlor	3,23	Methan	0,717	Stadtgas	0,6
Helium	0,179	Ozon	2,22	Stickstoff	1,250
Kohlendioxid	1,977	Propan	2,0	Wasserstoff	0,090

8 Tabellen

Tab. 2b Dichte ϱ in kg/dm³ fester Stoffe bei 20 °C (*Schüttdichte)

Aluminium	2,7	Silber	10,40	Kies (trocken)*	1,9–2,0
Blei	11,35	Titan	4,5	Sand (trocken)*	1,4–1,6
Eisen	7,86	Uran	18,7	Diamant	3,6
Gold	18,6	Wolfram	19,3	Eis (0 °C)	0,92
Gusseisen	7,2–7,6	Zink	7,15	Graphit	2,25
Kupferdraht	8,96	Basalt	3,0	Kork	0,24
Magnesium	1,74	Granit	2,5–2,7	Kristallglas	2,9
Messing	8,1–8,6	Kalkstein	2,7	Balsaholz	0,08–0,2
Natrium	0,97	Gips*	1,6–1,8	Buchenholz	0,6–0,9

Tab. 2c Dichte ϱ in kg/dm³ von Flüssigkeiten bei 20 °C

Ethanol	0,789	Quecksilber	13,55	Seewasser	1,02
Benzin	0,70–0,74	Salpetersäure		Spiritus	0,83
Benzol	0,88	(50 %)	1,31	Tetrachlor-	
Diethylether	0,72	Salzsäure (25 %)	1,1	kohlenstoff	1,598
Glycerin	1,26	Schwefelsäure		Wasser (4 °C)	1,0000
Petroleum	0,8–0,82	(50 %)	1,40	Wasser (20 °C)	0,9982

Tab. 3 Elastizitätsmodul E in 10^{11} N/m²

Aluminium	0,73	Zink	0,8	Laborglas	0,65
Blei	0,17	Zinn	0,55	Plexiglas	0,03
Gusseisen	0,75	Beton	0,1–0,4	Polystyrol	0,032
Kupfer	1,24	Granit	0,15–0,7	Porzellan	0,7
Stahl (Cr/Ni)	2,0	Marmor	0,42	Quarzglas	0,6
Federstahl	2,2	Sandstein	0,04–0,4	Gummi	0,005

Tab. 4 Fahrwiderstandszahlen μ_f

Eisenbahn	0,002	Stahlreifen auf Asphalt	0,015
Stahlreifen auf Erde	0,05–0,1	Auto auf Pflaster	0,04
Stahlreifen auf Pflaster	0,3	Auto auf Asphalt	0,02–0,03

Tab. 5 Sonnensystem

	Große Halbachse d. Bahn in 10^6 km	Siderische Umlaufzeit	Masse in 10^{24} kg	Fallbeschleunigung in m/s²	Mittlere Dichte kg/dm³	Äquator-Radius in 10^3 km
Sonne	–	–	1 991 000	273,7	1,409	696,35
Merkur	57,9	87,97 d	0,36	3,7	5,43	2,44
Venus	108,2	224,7 d	4,87	8,9	5,24	6,05
Erde	149,6	365,26 d	5,974	9,8	5,515	6,38
Mars	227,9	686,48 d	0,66	3,7	3,93	3,4
Jupiter	779	11,87 a	1880	23,1	1,33	71,5
Saturn	1432	29,6 a	568	9,0	0,70	60,3
Uranus	2872	84 a	87	8,7	1,30	25,6
Neptun	4495	165 a	102	11,0	1,76	24,8
Pluto	5870	248 a	0,06	0,6	2,0	1,15
Erdmond	–	27,32 d	0,0735	1,62	3,342	1,738

8 Tabellen

Tab. 6 Schallgeschwindigkeit c in m/s bei 20 °C

Luft	344	Kork	540	Eichenholz	3400
Kohlendioxid	278	Bleiplatte	700	Mauerwerk	3600
Leuchtgas	453	Bleistab	1250	Beton	4000
Quecksilber	1460	Blei	2400	Messingstab	3500
Wasser	1480	Glas	5200	Eisenstab	5170

Tab. 7 Schallabsorptionsgrad α von Schallabsorbern

Frequenz in Hz	125	250	500	1000	2000	4000
Putz auf Mauerwerk	0,02	0,03	0,03	0,03	0,04	0,04
Mineralwolleputz 1 cm	0,07	0,09	0,27	0,52	0,74	0,76
Hochlochziegel 11,5 cm						
mit Mineralwolle in 6 cm Hohlraum	0,15	0,65	0,45	0,45	0,40	0,70
Bimsbeton	0,15	0,40	0,60	0,60	0,60	0,60
Parkett aufgeklebt	0,04	0,04	0,06	0,12	0,10	0,15
Boucleteppich hart	0,02		0,05		0,18	
Velourteppich 5 mm	0,04	0,04	0,15	0,30	0,50	0,60
Holzgestühl	0,40	0,20	0,06	0,05	0,04	0,04
Stoffpolstergestühl	0,45	0,60	0,75	0,90	0,80	0,70
Fläche von Personen bei voller Besetzung	0,50	0,70	0,85	0,97	0,93	0,85

Tab. 8 Schallschluckung A' von Schallabsorbern in m²

Frequenz in Hz	125	250	500	1000	2000	4000
Holzklappstuhl	0,02	0,02	0,02	0,04	0,04	0,03
Stoffpolsterklappstuhl	0,15	0,30	0,30	0,40	0,40	0,40
Person auf Stuhl	0,15	0,30	0,45	0,45	0,45	0,45
Personen in großen und halligen Räumen	0,65	0,75	0,85	0,95	0,95	0,80

Tab. 9 Mittlerer Längenausdehnungskoeffizient α von festen Stoffen in 10^{-6} K^{-1} zwischen -20 °C und 100 °C

Aluminium	23,6	Zinn	27	Quarzglas	0,55
Blei	29,2	Graphit	7,9	Stahlbeton	10…15
Flussstahl	11	Holz, längs zur Faser	8	Gips	25
Invar	1,5…2	Porzellan	3	Klinker	3
Kupfer	16,8	Geräteglas 20	4,8	Mörtel, Putz	9
Silber	10,5	Normalglas 16	8,2	Zement	14
V2A-Stahl	16	Thermometerglas	6,0	Ziegel	5

Tab. 10 Volumenausdehnungskoeffizient β von Flüssigkeiten in 10^{-4} K^{-1} bei 20 °C

Ethanol	11,0	Glycerin	5,0	Quecksilber	1,82
Aceton	14,9	n-Hexan	13,5	Tetrachlorkohlenstoff	12,3
Benzol	12,3	Methanol	12	Toluol	11,1
Diethylether	16,2	n-Pentan	16	Wasser	1,8

Tab. 11 Kalorimetrische Werte

c spez. Wärmekapazität; c_p spez. Wämekapazität bei konstantem Druck;
ϑ_f Erstarrungs- bzw. Schmelztemperatur; ϑ_d Siede- bzw. Kondensationstemperatur;
q_f spez. Schmelz- bzw. Erstarrungswärme; q_d spez. Verdampfungs- bzw. Kondensationswärme;
R_B individuelle Gaskonstante; λ Wärmeleitfähigkeit; $\gamma = c_p/c_V$ (S. 41)

Feste Stoffe und Flüssigkeiten	c bei 20 °C in 10^3 J kg^{-1} K^{-1}	ϑ_f in °C	q_f in 10^3 J/kg	ϑ_d in °C	q_d in 10^6 J/kg	λ in W/(m K) bei 20 °C
Aluminium	0,896	660	397	2450	10,9	239
Blei	0,129	327,4	23	1750	8,6	34,8
Cadmium	0,231	320,9	56	765	0,89	93
Eisen	0,45	1535	277	2880	6,34	80
Gold	0,129	1063	64,5	2700	1,65	312
Graphit	0,836	3650		4350		160
Gusseisen	0,54	1150				
Kupfer	0,383	1083	205	2590	4,79	395
Messing	0,381	920				112
Natrium	1,22	97,8	113	890	0,39	130
Platin	0,133	1769,3	111	4300	2,29	70,1
Silber	0,235	961	105	2200	2,35	428
Uran	0,115	1132	82,8	3900	1,73	25
Wolfram	0,134	3380	192	5500	4,35	177
Zinn	0,227	232	60	2960	2,45	65
Eis	2,09	0	333,7	–	–	2,2 (0 °C)
Ethanol	2,43	– 114,5	108	78,3	0,84	0,130
Benzol	1,73	5,5	128	80,1	0,394	0,148
Diethylether	2,31	– 116,3	101	34,5	0,384	0,130
Glycerin	2,39	– 18	201	290,5	0,882	0,285
n-Pentan	2,35	– 129,7	116	36,1	0,36	0,116
Quecksilber	0,139	– 38,9	11,8	356,6	0,285	8,2
Seewasser	4,18	– 2,5				
Wasser, normal	4,18	0	333,7	100	2,256	0,6
Wasser, schwer	4,212	3,8	317,8	101,4	2,072	

Gase (Normaldruck)	γ (20 °C)	c_p bei 20 °C in 10^3 J kg^{-1} K^{-1}	ϑ_d in °C	q_d in 10^3 J/kg	ϑ_f in °C	q_f in 10^6 J/kg	R_B in 10^3 J kg^{-1} K^{-1}
Ammoniak	1,305	2,16	– 33,4	1370	– 77,7	0,339	0,488
Argon	1,648	0,523	– 185,9	163	– 189,4		0,2079
Deuterium		0,498	– 249,5	304	– 254,4		
Helium	1,63	5,23	– 268,9	20,6			2,08
Kohlendioxid	1,293	0,837	– 78,5	136,8	– 56,6		0,189
Krypton	1,69		– 153,4	108	– 157,2		
Luft	1,402	1,005	– 191,4	192			0,287
Propan	1,13	1,595	– 42,1	426	– 187,7		
Sauerstoff	1,398	0,917	– 183	213	– 218,8	0,014	0,260
Stickstoff	1,401	1,038	– 195,8	198	– 210	0,025	0,296
Wasserstoff	1,41	14,32	– 252,8	454	– 259,2	0,058	4,13
Wasserdampf			100	2256	–	–	0,462

8 Tabellen

Tab. 12 Spezifischer Heizwert H_u in 10^6 J/kg; Heizwert $H_{u,n}$ in 10^6 J/m³

	H_u		H_u		$H_{u,n}$
Holz (lufttrocken)	15	Benzin	44	Wasserstoff	120
Zechenkohle	28,4 … 30,5	Benzol	40	Methan	50
Braunkohlenbrikett	18,8 … 21,8	Petroleum	40	Propan	46,3
Magerkohle	30,5 … 31,4	Dieselöl	41	Kokereigas	18
Anthrazit	28,4 … 33,5	Heizöl	37,7 … 38,9	Erdgas	32

Tab. 13 Wärmeübergangswiderstände $1/\alpha$ in m² K/W nach DIN 4108

An der Innenseite geschlossener Räume bei natürlichen Luftbewegungen
  Wandflächen, Innenfenster, Außenfenster
  Fußböden und Decken bei Wärmestrom von unten nach oben
                                            von oben nach unten
	0,13 [1])
	0,13 [1])
	0,17

An den Außenseiten bei mittlerer Windgeschwindigkeit In durchlüfteten Hohlräumen (Außenwand, Dachschräge, Flachdach, Abseitenwand, Decke zum nicht wärmegedämmten Dachraum)	0,04 [2]) 0,08 [3])

[1]) bei Berechnung der Oberflächenkondensation: 0,17
[2]), [3]) bei Wärmebedarfsrechnungen: 0,05 bzw. 0,09

Tab. 14 Wärmedurchlasswiderstand $1/\Lambda$ von Luftschichten

	Dicke s in cm	1	2	2,5	3	5	10	15
lotrecht	$1/\Lambda$ in m² K/W	0,14	0,16	0,17	0,17	0,18	0,17	0,16
waagrecht, Wärmestrom ↑		0,14	0,15	0,16	0,16	0,16	0,16	0,16
waagrecht, Wärmestrom ↓		0,15	0,18	0,19	0,20	0,21	0,21	0,21

Tab. 15 Sättigungdruck p_s von Wasserdampf in Abhängigkeit von der Temperatur ϑ

| ϑ in °C | −20 | −19 | −18 | −17 | −16 | −15 | −14 | −13 | −12 | −11 | −10 |
| p_s in Pa | 103 | 114 | 125 | 137 | 150 | 165 | 181 | 198 | 217 | 237 | 260 |

| ϑ in °C | −9 | −8 | −7 | −6 | −5 | −4 | −3 | −2 | −1 | 0 | 1 |
| p_s in Pa | 284 | 310 | 337 | 368 | 401 | 437 | 476 | 517 | 562 | 611 | 657 |

| ϑ in °C | 2 | 3 | 4 | 5 | 6 | 7 | 8 | 9 | 10 | 11 | 12 |
| p_s in Pa | 705 | 759 | 813 | 872 | 935 | 1002 | 1073 | 1148 | 1228 | 1312 | 1403 |

| ϑ in °C | 13 | 14 | 15 | 16 | 17 | 18 | 19 | 20 | 21 | 22 | 23 |
| p_s in Pa | 1498 | 1599 | 1706 | 1818 | 1937 | 2065 | 2197 | 2340 | 2487 | 2645 | 2810 |

| ϑ in °C | 24 | 25 | 26 | 27 | 28 | 29 | 30 | 31 | 32 | 33 | 34 |
| p_s in Pa | 2985 | 3169 | 3362 | 3566 | 3781 | 4006 | 4244 | 4492 | 4755 | 5030 | 5320 |

Tab. 16 Permittivitätszahl ε_r bei 20 °C

Bernstein	2,3…2,9	Polyethylen	2,5
Condensa C u. F	85	Polystyrol	2,6
Glas	3…15	Steatit	5,5…6,5
Condensa N	46	Tempa S	14
Glimmer	4,8…9,3	Tempa X	30
Hartpapier	5	Trafoöl	2,2…2,5
Hartgewebe	5…6	Wasser	80
Hartporzellan	5,5…6,5		
Kabelisolation	4,3	Argon (0 °C)	1,00056
Kerafar R	80	Kohlendioxid (0 °C)	1,00098
Kerakonstant	ca. 3000	Helium (0 °C)	1,000065
Nitrobenzol	36,4	Luft (1 at)	1,00058
Papier, getränkt	4,3	Sauerstoff (0 °C)	1,00053
Paraffin	2,0…2,3	Stickstoff	1,00053

Tab. 17 Spezifischer Widerstand ϱ in Ω m und Temperaturkoeffizient k in K^{-1} bei 20 °C

	ϱ	k		ϱ
Aluminium	$2{,}86 \cdot 10^{-8}$	$3{,}8 \cdot 10^{-3}$	Salzsäure 10 %	$2{,}5 \cdot 10^{-2}$
Blei	$21 \cdot 10^{-8}$	$4{,}2 \cdot 10^{-3}$	NaCl-Lösung 10 %	$7{,}9 \cdot 10^{-2}$
Eisen	$9{,}8 \cdot 10^{-8}$	$6{,}6 \cdot 10^{-3}$	AgNO$_3$-Lösung 10 %	$2{,}1 \cdot 10^{-1}$
Gold	$2{,}04 \cdot 10^{-8}$	$4{,}0 \cdot 10^{-3}$	CuSO$_4$-Lösung 10 %	$3{,}0 \cdot 10^{-1}$
Kupfer	$1{,}79 \cdot 10^{-8}$	$3{,}9 \cdot 10^{-3}$	Bernstein	10^{20}
Nickel	$7 \cdot 10^{-8}$	$6{,}8 \cdot 10^{-3}$	Glimmer	$5 \cdot 10^{14}$
Platin	$10{,}5 \cdot 10^{-8}$	$3{,}8 \cdot 10^{-3}$	Hartporzellan	$3 \cdot 10^{12}$
Quecksilber	$96 \cdot 10^{-8}$	$0{,}9 \cdot 10^{-3}$	Plexiglas	10^{13}
Silber	$1{,}6 \cdot 10^{-8}$	$3{,}6 \cdot 10^{-3}$	PVC	10^{13}
Wismut	$12 \cdot 10^{-7}$	$4{,}2 \cdot 10^{-3}$	Quarz	$3 \cdot 10^{14}$
Chromnickel	$11 \cdot 10^{-7}$	$2{,}0 \cdot 10^{-4}$	Quarzglas	$5 \cdot 10^{16}$
Konstantan	$5 \cdot 10^{-7}$	$-3{,}0 \cdot 10^{-5}$	Silikatglas	$5 \cdot 10^{11}$
Manganin	$4{,}3 \cdot 10^{-7}$	$1{,}0 \cdot 10^{-5}$	Teflon	10^{13}
Nickelin	$4{,}3 \cdot 10^{-7}$	$2{,}0 \cdot 10^{-4}$	Trolitul	10^{17}
Lampenkohle	$6 \cdot 10^{-4}$	$-0{,}5 \cdot 10^{-3}$	Germanium (27 °C)	0,46
Wasser dest.	$3 \cdot 10^{4}$		Selen (20 °C)	10^{13}
Erde	$3 \cdot 10^{3}$		Silizium (20 °C)	$2{,}3 \cdot 10^{3}$

Tab. 18 Brechzahl n (bezogen auf Luft von 20 °C und 1013 hPa)

Wasser	1,33	Plexiglas	1,44
Schwefelkohlenstoff	1,62–1,65	Fensterglas	1,54
Benzol	1,5	Quarz	1,55
Alkohol	1,36	Diamant	2,42
Flintglas	1,6–1,8	Kalspat (o)	1,66
Kronglas	1,5–1,6	Kalkspat (ao)	1,49

Tab. 19 **Auswahl radioaktiver Nuklide**[1]) *(natürliches Nuklid)*

Nuklid (Isotopenhäufigkeit)	Umwandlungsart	Maximalenergie eines Teilchens bzw. Energie eines Quants in MeV (Anteil an der Gesamtumwandlung)	Halbwertszeit
H 3	β^-	0,018 (kein γ)	12,33 a
C 14	β^-	0,156 (kein γ)	5730 a
Na 22	β^+, K γ	1,83 (0,05 %); 0,55 (89 %) 1,28	2,6 a
P 32	β^-	1,71 (kein γ)	14,3 d
K 40 (0,0117 %)	β^-, K γ	1,312 (89 %) 1,46	$1,28 \cdot 10^9$ a
Co 60	β^- γ	0,32; 1,48 (0,15 %) 1,33; 1,17	5,27 a
Kr 85	β^- γ	0,67 (99,6 %); 0,15 (0,4 %) 0,51	10,7 a
Sr 90	β^-	0,546 (kein γ)	28 a
Y 90	β^- γ	2,27 (99,9 %) 1,73	64 h
Cs 137	β^-	1,18 (4,8 %); 0,52 (85 %)	30 a
Tl 204	β^-, K	0,76 (98 %); 0,29 (2 %) (kein γ)	3,78 a
Po 210	α γ	5,30 (100 %); 4,5 0,80 (10^{-3} %)	138,4 d
Rn 220	α γ	6,29; 5,75 (0,1 %) 0,54 (0,03 %)	55,6 s
Ra 226	α γ	4,78 (94,6 %); 4,60 (5,6 %) 0,19	1602 a
U 238 (99,275 %)	α γ	4,196 (77 %); 4,147 (23 %) 0,0496 (0,07 %); 0,1105 (0,02 %)	$4,468 \cdot 10^9$ a
Pu 239	α γ	5,155 (73,2 %); 5,143 (15,1 %); 5,105 (10,6 %) 0,052 (0,02 %)	$2,411 \cdot 10^4$ a
Am 241	α, Sp γ	5,48; 5,54 0,060	433 a

[1] Nuklid: Atomsorte

Tab. 20 Natürliche Umwandlungsreihen

Thorium-Reihe		
Nuklid	Umwandlung	Halbwertszeit
Th 232	α	$1{,}41 \cdot 10^{10}$ a
Ra 228	β^-	6,6 a
Ac 228	β^-	6,13 h
Th 228	α	1,91 a
Ra 224	α	3,66 d
Rn 220	α	55,6 s
Po 216	α	0,15 s
Pb 212	β^-	10,64 min
┌ Bi 212	α, β^-	60,6 min
├→ Po 212 ┐	α	$3 \cdot 10^{-7}$ s
└→ Tl 208 ←	β^-	3,1 min
Pb 208 ←	–	∞

Uran-Radium-Reihe		
Nuklid	Umwandlung	Halbwertszeit
U 238	α	$4{,}47 \cdot 10^9$ a
Th 234	β^-	24,1 d
┌ Pa* 234	β^-, γ	1,17 min
├→ Pa 234 ┐	β^-	6,70 h
└→ U 234 ←	α	$2{,}47 \cdot 10^5$ a
Th 230	α	$8 \cdot 10^4$ a
Ra 226	α	1602 a
Rn 222	α	3,83 d
┌ Po 218	α, β^-	3,11 min
├→ Pb 214 ┐	β^-	26,8 min
└→ At 218 ←	α	1,6 s
┌ Bi 214 ←	α, β^-	19,8 min
├→ Po 214 ┐	α	$1{,}64 \cdot 10^{-7}$ s
└→ Tl 210 ←	β^-	1,3 min
┌ Pb 210 ←	α, β^-	22,3 a
├→ Hg 206 ┐	β^-	8 min
├→ Bi 210 ←	α, β^-	5 d
├→ Tl 206 ←	β^-	4,2 min
└→ Po 210 ←	α	138,4 d
Pb 206 ←	–	∞

Uran-Actinium-Reihe		
Nuklid	Umwandlung	Halbwertszeit
U 235	α	$7{,}04 \cdot 10^8$ a
Th 231	β^-	25,5 h
Pa 231	α	$3{,}28 \cdot 10^4$ a
┌ Ac 227	α, β^-	21,8 a
├→ Th 227 ┐	α	18,7 d
└→ Fr 223	α, β^-	22 min
┌→ Ra 223 ←	α	11,43 d
└→ At 219	α, β^-	0,9 min
┌→ Rn 219 ←	α	4,0 s
└→ Bi 215 ┐	β^-	7 min
┌ Po 215 ←	α, β^-	$1{,}8 \cdot 10^{-3}$ s
├→ Pb 211 ┐	β^-	36,1 min
└→ At 215 ┐	α	10^{-4} s
┌ Bi 211 ←	α, β^-	2,14 min
├→ Po 211 ┐	α	0,52 s
└→ Tl 207 ┐	β^-	4,77 min
Pb 207 ←	–	∞

Sachwortverzeichnis

Abbildungsgleichung 63, 65
Abklingkoeffizient 28
Ablösearbeit, photometrische 70
Absorptionsfläche, äquivalente 35
Absorptionsgrad 35
Abstandsgesetz, photometrisches 69
Adiabatenexponent 41
Äquivalent, elektrochemisches 55
Äquivalentdosis 74
Äquivalenzprinzip 21
Aktivität 74
α-Teilchen 75, 76
α-Strahlung 74
Amplitude 26
Amplitudenresonanz 29
Anlaufstrom 61
Anode 61
Anregungsenergie 71
aperiodischer Fall 28
aperiodischer Grenzfall 28
Arbeit, mechanische 13
–, elektrische 52
Archimedes, Gesetz von 23
Atom, isomeres 74
atomare Masseneinheit 72
Atome, isobare 72
–, isotone 72
–, isotope 72
Atommasse, relative 72
Auftriebskoeffizient 25
Auftriebskraft 23
Auftriebskraft, dynamische 25
Ausbreitungsgeschwindigkeit 30, 32, 60
Auslenkung 25, 30
Außenwiderstand 52
Ausströmungsgeschwindigkeit 24
Austauschreaktionen 75
Austrittsarbeit, thermische 61
Avogadro, Satz von 39
Avogadrokonstante 39, 40, 60, 76

Balmer, Formel von 71
Barometrische Höhenformel 23
Becquerel 74
Beleuchtungsstärke 69
Beschleunigung 10, 26
Beschleunigungsamplitude 26
Beschleunigungsarbeit 13
β-Strahlung 74
Beugung am Spalt 67
– am Doppelspalt 67
– am Strichgitter 68
Bewegung 10
–, Dreh- und Kreis- 16
–, geradlinige 10
–, gleichförmige 10
–, gleichmäßig beschleunigte 10
Bewegungen, Zusammensetzung von geradlinigen 11

Bewegungsbäuche 31
Bewegungsgröße 13
Bewegungsknoten 31
Bewertungsfaktor 74
Biegesteife, breitenbezogene 32
Biegewelle 32
Bildgröße 63, 65
Bildweite 63, 65
Bindungsenergie 71, 73
Blindleistung 58
Blindwiderstand 56
Bohr-Atommodell des Wasserstoffatoms 71
Bohr, erstes Postulat von 71
Bohr, zweites Postulat von 71
Bohrscher Radius 71
Boltzmann, Gesetz von 44
Boltzmannkonstante 39, 76
Boyle-Mariotte, Gesetz von 23, 46
Brechkraft 65
Brechungsgesetz 64
Brechungsindex 64
Brechungskoeffizient 64
Brechungsquotient 64
Brechungswinkel 64
Brechzahl 60, 64, 81
Bremsweg 11
Bremswinkel 16
Bremszeit 11, 16
Brennweite 63, 65
Brennwert 42
Brennwert, spezifischer 42
Brewster, Gesetz von 68

Carnot-Prozess 47
Corioliskraft 18
Coulomb, Gesetz von 49

Dämpfungskonstante 28, 29
Dämpfungskraft 28
Dalton 38, 39
Dampfgemische 38
Dehnwelle 32
Dekrement, logarithmisches 28
Deuteron 75, 76
Dezibel 33
Dichte 4, 38, 76, 77
Differentialflaschenzug 9
diffusionsäquivalente Luftschichtdicke 45
Diffusionskoeffizient 45
Diffusionswiderstandszahl 45
Diode 62
Dioptrie 65
Doppelspalt 67
Doppler-Effekt 31
Dopplereffekt, optischer 68
Drall 18
Drehbewegung 15
Drehfrequenz 16
Drehimpuls 18
Drehimpulserhaltungssatz 18
Drehleistung 18
Drehmoment 5, 18
Drehschwingung 29

Drehspiegel 63
Drehstoß 18
Drehstrom 59
Drehwinkel 15
Dreieckschaltung 59
Druck 22
Druck, hydrostatischer 22
Druckkraft 22
Druckwelle 32
Dulong-Petit, Regel von 41
Durchbruchspannung 62
dynamisches Grundgesetz 13, 18

Ebene, schiefe 8, 11
ebener Winkel 4
Effekt, glühelektrischer 61
–, lichtelektrischer 70
Effektivwerte 33, 56
Eigenfrequenzen 31
Eigenkreisfrequenz 28
Eigenzeit 20
Einfallwinkel 65
Elastizität 5
Elastizitätsmodul 5, 32, 37, 77
elektrische Feldstärke 48
Elektron 48, 76
Elektronenschalen $\to$ Ausschlagtafel
Elektronenvolt 61
Elementarladung 48, 60, 76
Elemente, Periodensystem der $\to$ Ausschlagtafel
Ellipsenbahn 19
Elongation 26, 29, 30,
Emissionsgrad 44
Energie, eines elektrischen Feldes 49
–, innere 47
–, kinetische 14, 21, 61
–, magnetische 54
–, mechanische 14
–, mittlere eines Gasmoleküls 47
–, potentielle 14
–, relativistische 21
–, translatorische 14
Energiedichte 49, 55
Energiedosis 74
Energieerhaltungssatz 14
Entropie 47
Erstarrungstemperatur 79
Erstarrungswärme 42
Erstarrungswärme, spezifische 42, 73, 79
erstes Postulat von Bohr 71

Fadenpendel 26
Fahrwiderstandszahl 8, 77
Faktorenflaschenzug 9
Fall, freier 11
Fallbeschleunigung 11, 19, 29, 76
Farad 49
Faraday, Gesetz von 60
Faradaykonstante 60, 76
Federkonstante 5, 6

Federschaltungen 5, 6
Feld, homogenes 48
Feldkonstante, elektrische 48, 60, 76
–, magnetische 53, 60, 76
Feldstärke, elektrische 48
–, magnetische 53
Fernrohr 66
feste Rolle 9
Flächeninhalt 4
Flaschenzüge 9
Fliehkraft 16
Fluchtgeschwindigkeit 19
Fluss, magnetischer 53
Flussdichte, elektrische 48
–, magnetische 53
Formel von
– Balmer 71
– Laplace 32
– Sabine 35
– Thomson 59
– Weizsäcker 73
Fotoapparat 66
freier Fall 11
Freiheitsgrad 41
Frequenz 26, 27, 30, 55, 66, 70

Galilei-Transformation 20
γ-Strahlung 74
Gangunterschied 66,67
Gas, ideales 38, 41
Gasdichte 38
Gasdruck 38
Gase, ideale 41
–, Molvolumen 76
Gasgemische 38
Gasgleichung, allgemeine 39
Gaskonstante, individuelle 39, 41, 46, 79
–, universelle 39, 41, 76
Gasmolekül, mittlere Energie 47
Gassäule 31
Gegenstandsgröße 63, 65
Gegenstandsweite 63, 65
Geschwindigkeit 10, 26
–, kosmische 19, 20
–, mittlere 10
Geschwindigkeitsamplitude 26
Geschwindigkeitsquadrat, mittleres 46
Gesetz von
– Archimedes 23
– Bernoulli 24
– Boyle-Mariotte 23
– Boyle-Mariotte und Gay-Lussac 38
– Bragg 68
– Brewster 68
– Broglie 70
– Coulomb 49
– Dalton 38
– Faraday 60
– Gay-Lussac 38
– Hagen-Poiseuille 24
– Hooke 5

Sachwortverzeichnis

– Kepler 19
– Ohm 50
– Planck 44
– Poisson 47
– Richardson 61
– Schottky-Langmuir 61
– Stefan-Boltzmann 44
– Stokes 24
– Torricelli 24
– Wien 44
Gewicht 4
Gewichtsfaktor 34
Gewichtskraft 4, 13, 19
Gitter 68
Gitterkonstante 68
Gleichgewichtsbedingungen 7
glühelektrischer Effekt 61
Gravitation 19
Gravitationsbeschleunigung 19
Gravitationskonstante 19, 76
Grenzfall, aperiodischer 28
Grenzfrequenz 36
Grenzgeschwindigkeit 19
Grenzwinkel 64
Grundgesetz, dynamisches 13, 18

Hagen-Poiseuille, Gesetz von 24
Halbleiterdiode 62
Halbwertszeit 74, 82, 83
Hangabtriebskaft 8
H-Atom 71, 76
Hauptquantenzahl 71, 72
Hauptsatz, erster 47
– zweiter 47
Hebel 5
Hebelgesetz 7
Heizwert, spezifischer 42, 80
Helmholtz-Spulenpaar 53
Henry 54
Hertz 25
Höhenformel, barometrische 23
Hooke, Gesetz von 5
Hubarbeit 13

Impedanz 56
Impuls 13
Impulserhaltungssatz 13, 14
Induktion, elektromagnetische 53
Induktionsspannung 54
Induktivität 54
Innenwiderstand 52
Intensität 33
Interferenz 27, 67
Ionenmasse, relative 40, 60
Ionisierungsenergie 71

Joule 13, 40, 49

Kapazität 49
Keil 9
Kelvin 37
Kennkreisfrequenz 28
Kepler, Gesetz von 19
Kernladungszahl 72, 73
Kernmasse 73
Kilokalorie 40

Kippsicherheit 8
Klemmenspannung 52
Kompressionsmodul 22
Kondensationstemperatur 79
Kondensationswärme
–, spezifische 79
Kondensator, Aufladung 50
–, Entladung 50
Kondensatorschaltungen 49
Kontinuitätsgleichung 23
Kraft 4, 13, 49, 54, 61
–, anregende 28
–, resultierende 6
–, rücktreibende 25
Kraftamplitude 28
Krafteck 6
Kraftstoß 13
Kraftübertragung, hydraulische 22
Kreisbahn 19
Kreisbewegung 16
Kreisfrequenz 25, 30, 55
Kreisrepetenz 30
Kreiszylinderspule 53
Kriechfall 28
Kugelwelle 34
Kurvenüberhöhungswinkel 17
Kurzschlussstrom 52

Ladung 48, 50, 60, 61
–, spezifische 61, 76
Länge 4
Längenänderung 37
Längenausdehnungskoeffizient 37, 78
Längenkontraktion 21
Längsschwingungen, gedämpfte 28
–, ungedämpfte 26
–, Überlagerung 27
Längswellen 30, 32
Laplace, Formel von 32
Lautstärke 34
Lautstärkepegel 34
Lechersystem 60
Leistung, mechanische 14
–, elektrische 52
Leistungsfaktor 58
Leiterspannung 59
Leiterstrom 59
Leitfähigkeit, elektrische 51
Leitwert, elektrischer 51
Lenz, Regel von 54
Leuchtdichte 69
lichtelektrischer Effekt 70
Lichtgeschwindigkeit 60, 64, 76
Lichtstärke 69
Lichtstrom 69
Linsen 65
Linsensystem 65
Lochkamera 65
Lorentz-Transformation 20
Lorentzkraft 61
Lose Rolle 9
Luftfeuchte, absolute 45
–, relative 45
Luftkraft 25
Luftschalldämmmaß 35
Luftschichtdicke, diffusionsäquivalente 45

Lumen 69
Lupe 66
Lux 69

Mach-Winkel 31
–, Zahl 31
Magnetfeld, Auf- und Abbau 55
Maschinen, einfache 8, 9
Masse 4, 21
–, flächenbezogene 32
–, molare 40
Massendefekt 68
Masseneinheit, atomare 39, 72, 76
Massengesetz, theoretisches 36
Materiewellenlänge 70
Membran 32
Messbereicherweiterung 51
Mikroskop 66
Mischungsgleichung 41
Mischungsregel 41
Mischungstemperatur 41
Mittelwert, quadratischer 56
Mol 39
Molekül, Translationsenergie eines 42
Molekülmasse 36
Molvolumen idealer Gase 76
Molwärme 41
Momentensatz 7

Nachhallzeit 35
natürliche Umwandlungsreihen 83
Nebenquantenzahl 72
Nebenwiderstand 51
Neutron 72, 75, 76
Neutronenmasse 73
Newton
Newton, Axiome von 13
Newton'sche Ringe 67
Normdichte 38
Normdruck 38, 76
Normalkraft 8
Normalspannung 5
Normtemperatur 38
Normvolumen 38
–, molares 40
Normfallbeschleunigung 11
Norm-Trittschallpegel 36
Nukleonenzahl 72
Nullphasenwinkel 26, 55

Oberflächentemperatur 43
Ohm 50
Ohm, Gesetz von 50
optischer Weg 66
Ordnungszahl 72
Ortskoordinaten 4
Ortsvektor 4
Ostabweichung 18

Parabelbahn 20
Parallelschwingkreis 57
Partialdrücke 38
Pascal 5, 22
Pendel, physisches 29
–, mathematisches 26
Pendellänge, reduzierte 29

Periodendauer 25, 26, 55, 59
Periodensystem → Ausschlagtafel
Permeabilität 53, 60
Permeabilitätszahl 53, 60
Permittivität 48, 49, 60
Permittivitätszahl 48, 60, 81
Phasendifferenz 67
Phasengeschwindigkeit 30
Phasenverschiebungswinkel 29, 56
Phasenwinkel 4, 26, 55
phon 34
photometrisches Abstandsgesetz 69
Photonenenergie 70
Photonenimpuls 70
Photonenmasse 70
Planckkonstante 70, 76
Platte, planparallele 64
Plattenkondensator 49
Poisson, Gesetz von 47
Polarisation 68
Potenzflaschenzug 9
Prisma 65
Probeladung 48
Proton 72, 73, 75, 76
Protonenmasse 73, 76

Quaderraum 31
Quellenspannung 52
Querwellen 30, 32

Radiant 4
Radioaktivität 74
Radionuklide 82
Raumakustik 35
Rauminhalt 4
Raumladungsstrom 61
Raumwinkel 69
Reaktanz 56
Reflexion 30, 63
Reflexion an dünnen Schichten 67
Reflexionsgesetz 63
Reflexionsgrad 35, 69
Reflexionswinkel 63
Regel von
– Dulong-Petit 41
– Lenz 54
Reibung 8
Reibungskraft 8, 24
Relativgeschwindigkeiten 11
Resistanz 56
Resonanzkreisfrequenz 28, 29
Richardson, Gesetz von 61
Richtgröße 5, 25, 26
Röhrendiode 61
Röntgenbremsstrahlung 70
Röntgenstrahlung, charakteristische 72
Rolle, feste 9
–, lose 9
Rotationsenergie 14, 18
Rückstoß 15
Ruheenergie 21
Ruhelänge 21
Ruhemasse 21, 70
Rydbergfrequenz 71, 76
Rydbergkonstante 71

85

Sachwortverzeichnis

Sabine, Formel von 35
Sättigungsdampfdichte 45
Sättigungsdampfdruck 45
Sättigungsdruck von Wasserdampf 80
Sättigungsstrom 61
Saite 31, 32
Satellitenbewegung 19
Satz von
– Avogadro 39
– Steiner 17
Schallabsorptionsgrad 78
Schalldruck 33
Schallgeschwindigkeit 78
Schallintensität 33
Schallpegel 33, 34
Schallpegelminderung 35
Schallschluckung 35, 78
Schallschnelle 33
Schallwellen, Überlagerung von 34
Schallwellenwiderstand 33
Scheinleistung 58
Scheinwiderstand 56
schiefe Ebene 8, 11
Schluckgrad 35
Schluckung 35
Schmelzwärme 42
–, spezifische 42, 79
Schmelztemperatur 79
Schottky-Langmuir, Gesetz von 61
Schraube 9
Schraubenregel 53
Schwebungsfrequenz 27
Schwebungszeit 27
Schweredruck 22
Schwerpunkt 7
Schwimmbedingung 23
Schwingungen, elektromagnetische 59
–, mechanische 25
–, Überlagerung von 27
Schwingungsenergie 25, 59
Schwingungsknoten 30
Schwingungsweite 26
Sehweite, deutliche 61
Seil 31, 32
Seileck 6
Seilmaschinen 9
Selbstinduktionsspannung 55
Serienschwingkreis 57
Siedetemperatur 79
Siemens 51
Solenoid 53, 54
Sonnensystem 77
Spalt 67
Spannarbeit 13
Spannung 5
–, elektrische 48, 50
Spannungsstoß, induzierter 53
spezifischer Widerstand 51, 81
Spiegel 63,64
Spule 53
Staudruck 24
Steifigkeit, dynamische 36
Steighöhe 12
Steigzeit 12
Steilheit 62

Steiner, Satz von 17
Steradiant 69
Sternschaltung 59
Stoffmenge 39
Stokes, Gesetz von 24
Stoß, elastischer 15
–, unelastischer 15
–, zentraler gerader 14
Strahlungsautauschkonstante 44
Strahlungsgesetz 44
Strahlungskonstante des schwarzen Körpers 44
Strahlungsmaximum, Wellenlänge des 44
Strangspannung 59
Strangstrom 59
Strichgitter 68
Strömung 23, 24
Strömungswiderstandskraft 25
Strom 50
Stromarbeit 50, 52
Stromdichte 50
Stromleistung 52
Stromleiter, gerader 53
Stromleitung in Elektrolyten 60
Stromquelle 52
Stromquellen, Schaltung von 52
Stromrichtung 50
Stromstärke, elektrische 50
Stufenscheibe 9

Tangentialspannung 4
Tauperiode 46
Taupunkttemperatur 45
Teilchenmenge 39
Teilchenzahldichte 46
Temperatur 37
Temperaturen an oder in einer mehrschichtigen ebenen Wand 43
Temperaturfaktor 44
Temperaturkoeffizient 51, 81
Temperaturspannung 62
Temperaturstrahlung 44
Tesla 53
Theoretisches Massengesetz 36
thermodynamischer Wirkungsgrad 47
Thomson, Formel von 59
Torricelli, Gesetz von 24
Torsionspendel 29
Totalreflexion 64
Trägheitskraft 13
Trägheitsmoment 17, 29
Trägheitsradius 17
Transformator 58
Transistor 62
Translationsenergie 14, 21, 61
–, eines Moleküls 46
Transmissionsgrad 35
Transversalwelle 30
Trittschallpegel, Norm- 36

Überführungsarbeit 20
Überlagerung 27, 34, 67

Umdrehungsdauer 16
Umwandlungen, radioaktive 74
Umwandlungskonstante 74
Umwandlungsreihen, natürliche 83
Unschärferelation 70
U-Rohr 26

Vakuumlichtgeschwindigkeit 20, 76
Valenzelektronen → Ausschlagtafel
Verbrennungswärme 42
Verdampfungswärme, spezifische 42, 79
Vergrößerung 66
Verschiebungsgesetz von Wien 44
Verzögerung 11
Viskosität, dynamische 24
Volumen 4, 38
–, molares 39, 40
Volumenänderung 37
Volumenausdehnungskoeffizient 37, 38, 78
Vorwiderstand 52

Wärmedurchgangswiderstand 43
–, Mindestwert 45
Wärmedurchgangskoeffizient 43
Wärmedurchlasskoeffizient 42, 44
Wärmedurchlasswiderstand 43, 80
Wärmeenergie 40, 44
Wärmekapazität 41
–, molare 41
–, spezifische 40, 41, 79
Wärmeleitfähig 42, 79
Wärmeleitwiderstand 43
Wärmemenge 40
Wärmespannung 37
Wärmestrom 42
Wärmestromdichte 42, 44
Wärmeübergangskoeffizient 40, 43, 44
Wärmeübergangswiderstand 43, 80
Wand, Temperaturen an oder in einer mehrschichtigen ebenen Wand 43
Wasserdampfdichte 45
Wasserdampfdiffusionsdurchlasskoeffizient 45
Wasserdampfdiffusionsdurchlasswiderstand 45, 46
Wasserdampfdiffusionsstromdichte 46
Wasserdampfdiffusionswiderstandszahl 45
Wasserdampfteildruck 45
Wasserstoffatom, Bohr-Atommodell des 71
Watt 14, 52
Wattsekunde 49
Weber 53
Wechselstrom, technischer 55

Wechselstromkreis 56
Wechselstromleistung 58
Weg 10
–, optischer 66
Weizsäcker-Formel 73
Wellen, ebene 33
–, elektromagnetische 59
–, mechanische 30
–, stehende 30
Wellenlänge 30, 59, 64, 66
–, des Strahlungsmaximums 44
Wertigkeit 60
Widerstände, Schaltung 51
Widerstand, elektrischer 50, 51
–, induktiver 56
–, kapazitiver 56
–, Ohm'scher 56
–, spezifischer 51, 81
Widerstandskoeffizient 25
Winkel, ebener 4
Winkelbeschleunigung 15
Winkelgeschwindigkeit 15
Winkelkoordinate 4
Winkelrichtgröße 6, 29
Winkelspiegel 64
Wirkleistung 58
Wirkungsgrad 9, 14
Wirkungsgrad, thermodynamischer 47
Wirkwiderstand 56
Wurf, horizontaler 12
–, schiefer 12
–, senkrechter 11, 12
Wurfparabel 12
Wurfweite 12
Wurfzeit 12

Zeit 10
Zeitdilatation 20
Zeitkonstante 50, 55
Zentrifugalkraft 16
Zentripetalkraft 16
Zusammensetzung von geradlinigen Bewegungen 11
Zustandsänderung, adiabatische 47
zweites Postulat von Bohr 71

Tabelle der Elemente (nach Ordnungszahlen)

Ordnungszahl	Symbol	Element	Atommasse in u	Ordnungszahl	Symbol	Element	Atommasse in u
1	H	Wasserstoff	1.0079	57	La	Lanthan	138.9055
2	He	Helium	4.00260	58	Ce	Cer	140.12
3	Li	Lithium	6.941	59	Pr	Praseodym	140.9077
4	Be	Beryllium	9.01218	60	Nd	Neodym	144.24
5	B	Bor	10.81	61	Pm	Promethium	145
6	C	Kohlenstoff	12.011	62	Sm	Samarium	150.36
7	N	Stickstoff	14.0067	63	Eu	Europium	151.96
8	O	Sauerstoff	15.9994	64	Gd	Gadolinium	157.25
9	F	Fluor	18.998403	65	Tb	Terbium	158.9254
10	Ne	Neon	20.179	66	Dy	Dysprosium	162.50
11	Na	Natrium	22.98977	67	Ho	Holmium	164.9304
12	Mg	Magnesium	24.305	68	Er	Erbium	167.26
13	Al	Aluminium	26.98154	69	Tm	Thulium	168.9342
14	Si	Silicium	28.086	70	Yb	Ytterbium	173.04
15	P	Phosphor	30.97376	71	Lu	Lutetium	174.967
16	S	Schwefel	32.06	72	Hf	Hafnium	178.49
17	Cl	Chlor	35.453	73	Ta	Tantal	180.9479
18	Ar	Argon	39.948	74	W	Wolfram	183.85
19	K	Kalium	39.0983	75	Re	Rhenium	186.207
20	Ca	Calcium	40.08	76	Os	Osmium	190.2
21	Sc	Scandium	44.9559	77	Ir	Iridium	192.22
22	Ti	Titan	47.88	78	Pt	Platin	195.08
23	V	Vanadium	50.9415	79	Au	Gold	196.9665
24	Cr	Chrom	51.996	80	Hg	Quecksilber	200.59
25	Mn	Mangan	54.9380	81	Tl	Thallium	204.383
26	Fe	Eisen	55.847	82	Pb	Blei	207.2
27	Co	Cobalt	58.9332	83	Bi	Bismut	208.9804
28	Ni	Nickel	58.69	84	Po	Polonium	210
29	Cu	Kupfer	63.546	85	At	Astat	210
30	Zn	Zink	65.38	86	Rn	Radon	222
31	Ga	Gallium	69.72	87	Fr	Francium	223
32	Ge	Germanium	72.59	88	Ra	Radium	226.0254
33	As	Arsen	74.9216	89	Ac	Actinium	227.0278
34	Se	Selen	78.96	90	Th	Thorium	232.0381
35	Br	Brom	79.904	91	Pa	Protactinium	231.0359
36	Kr	Krypton	83.80	92	U	Uran	238.0298
37	Rb	Rubidium	85.4678	93	Np	Neptunium	237.0482
38	Sr	Strontium	87.62	94	Pu	Plutonium	244
39	Y	Yttrium	88.9059	95	Am	Americium	243
40	Zr	Zirconium	91.22	96	Cm	Curium	247
41	Nb	Niob	92.9064	97	Bk	Berkelium	247
42	Mo	Molybdän	95.94	98	Cf	Californium	251
43	Tc	Technetium	99	99	Es	Einsteinium	252
44	Ru	Ruthenium	101.07	100	Fm	Fermium	257
45	Rh	Rhodium	102.9055	101	Md	Mendelevium	258
46	Pd	Palladium	106.4	102	No	Nobelium	259
47	Ag	Silber	107.868	103	Lr	Lawrencium	260
48	Cd	Cadmium	112.41	104	Rf	Rutherfordium	261
49	In	Indium	114.82	105	Db	Dubnium	262
50	Sn	Zinn	118.69	106	Sg	Seaborgium	263
51	Sb	Antimon	121.75	107	Bh	Bohrium	262
52	Te	Tellur	127.60	108	Hs	Hassium	265
53	I	Iod	126.9045	109	Mt	Meitnerium	266
54	Xe	Xenon	131.29	110	Ds	Darmstadtium	269
55	Cs	Cäsium	132.9054	111	Rg	Röntgenium	272
56	Ba	Barium	137.33	112	Cn	Copernicium	277

Nichtmetall, gasförmige Stoffe — Nichtmetall, feste Stoffe — Nichtmetall, flüssiger Stoff — Edelgas — Metall, feste Stoffe — Metall, flüssiger Stoff — Übergangselemente, (Halbmetalle), feste Stoffe

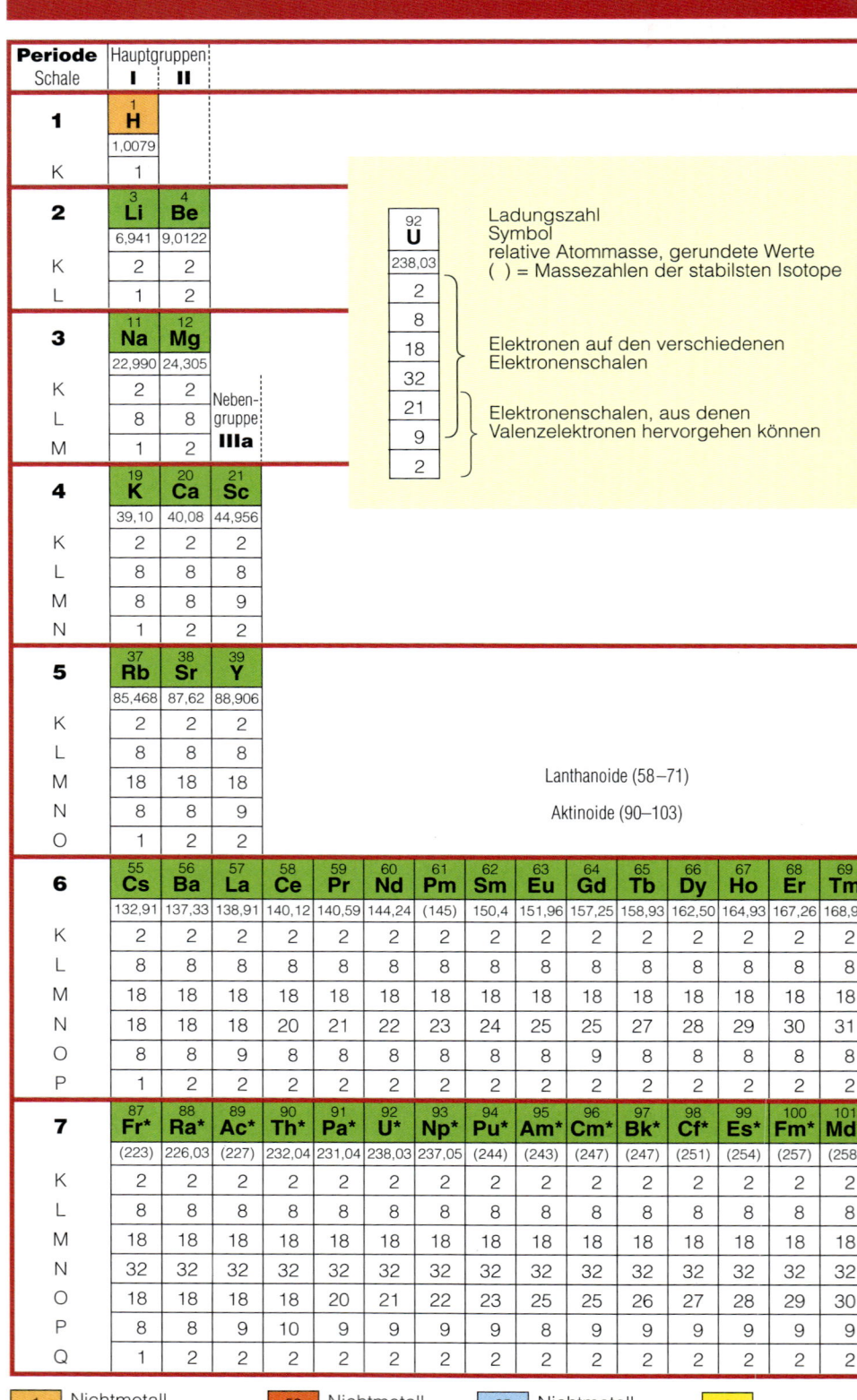

Periodensystem der Elemente

										Hauptgruppen						
										III	IV	V	VI	VII	VIII
															2 **He** 4,0026 2
										5 **B** 10,81 2 3	6 **C** 12,011 2 4	7 **N** 14,01 2 5	8 **O** 15,999 2 6	9 **F** 18,998 2 7	10 **Ne** 20,179 2 8
					Nebengruppen					13 **Al** 26,982 2 8 3	14 **Si** 28,086 2 8 4	15 **P** 30,974 2 8 5	16 **S** 32,06 2 8 6	17 **Cl** 35,453 2 8 7	18 **Ar** 39,948 2 8 8
IVa	Va	VIa	VIIa	__VIIIa__			Ia	IIa							
22 **Ti** 47,90 2 8 10 2	23 **V** 50,941 2 8 11 2	24 **Cr** 51,996 2 8 13 1	25 **Mn** 54,938 2 8 13 2	26 **Fe** 55,847 2 8 14 2	27 **Co** 58,933 2 8 15 2	28 **Ni** 58,70 2 8 16 2	29 **Cu** 63,546 2 8 18 1	30 **Zn** 65,38 2 8 18 2	31 **Ga** 69,72 2 8 18 3	32 **Ge** 72,59 2 8 18 4	33 **As** 74,92 2 8 18 5	34 **Se** 78,96 2 8 18 6	35 **Br** 79,904 2 8 18 7	36 **Kr** 83,80 2 8 18 8
40 **Zr** 91,22 2 8 18 10 2	41 **Nb** 92,906 2 8 18 12 1	42 **Mo** 95,94 2 8 18 13 1	43 **Tc*** (97) 2 8 18 13 2	44 **Ru** 101,07 2 8 18 15 1	45 **Rh** 102,91 2 8 18 16 1	46 **Pd** 106,4 2 8 18 18	47 **Ag** 107,87 2 8 18 18 1	48 **Cd** 112,41 2 8 18 18 2	49 **In** 114,82 2 8 18 18 3	50 **Sn** 118,69 2 8 18 18 4	51 **Sb** 121,75 2 8 18 18 5	52 **Te** 127,60 2 8 18 18 6	53 **I** 126,90 2 8 18 18 7	54 **Xe** 131,30 2 8 18 18 8

70 **Yb** 173,04 2 8 18 32 8 2	71 **Lu** 174,97 2 8 18 32 9 2	72 **Hf** 178,49 2 8 18 32 10 2	73 **Ta** 180,95 2 8 18 32 11 2	74 **W** 183,85 2 8 18 32 12 2	75 **Re** 186,2 2 8 18 32 13 2	76 **Os** 190,2 2 8 18 32 14 2	77 **Ir** 192,22 2 8 18 32 15 2	78 **Pt** 195,09 2 8 18 32 17 1	79 **Au** 196,97 2 8 18 32 18 1	80 **Hg** 200,59 2 8 18 32 18 2	81 **Tl** 204,37 2 8 18 32 18 3	82 **Pb** 207,2 2 8 18 32 18 4	83 **Bi** 208,98 2 8 18 32 18 5	84 **Po*** (209) 2 8 18 32 18 6	85 **At*** (210) 2 8 18 32 18 7	86 **Rn*** (222) 2 8 18 32 18 8

102 **No*** (259) 2 8 18 32 31 9 2	103 **Lr*** (260) 2 8 18 32 32 9 2	104 **Rf*** (261) 2 8 18 32 32 10 2	105 **Db*** (262) 2 8 18 32 32 11 2	106 **Sg*** (263) 2 8 18 32 32 12 2	107 **Bh*** (262) 2 8 18 32 32 13 2	108 **Hs*** (265) 2 8 18 32 32 14 2	109 **Mt*** (266) 2 8 18 32 32 15 2	110 **Ds*** (269) 2 8 18 32 32 16 2	111 **Rg*** (272) 2 8 18 32 32 17 2	112 **Cn*** (277) 2 8 18 32 32 18 2

 12 **Mg** Metall, feste Stoffe

 80 **Hg** Metall, flüssiger Stoff

51 **Sb** Übergangselemente (Halbmetalle) feste Stoffe

* radioaktive Elemente

Tabelle der Elemente (alphabetisch)

Element	Symbol	Ordnungszahl	Atommasse in u	Element	Symbol	Ordnungszahl	Atommasse in u
Actinium	Ac	89	227.0278	Meitnerium	Mt	109	266
Aluminium	Al	13	26.98154	Mendelevium	Md	101	258
Americium	Am	95	243	Molybdän	Mo	42	95.94
Antimon	Sb	51	121.75	Natrium	Na	11	22.98977
Argon	Ar	18	39.948	Neodym	Nd	60	144.24
Arsen	As	33	74.9216	Neon	Ne	10	20.179
Astat	At	85	210	Neptunium	Np	93	237.0482
Barium	Ba	56	137.33	Nickel	Ni	28	58.69
Berkelium	Bk	97	247	Niobium	Nb	41	92.9064
Beryllium	Be	4	9.01218	Nobelium	No	102	259
Bismut	Bi	83	208.9804	Osmium	Os	76	190.2
Blei	Pb	82	207.2	Palladium	Pd	46	106.4
Bor	B	5	10.81	Phosphor	P	15	30.97376
Bohrium	Bh	107	262	Platin	Pt	78	195.08
Brom	Br	35	79.904	Plutonium	Pu	94	244
Cadmium	Cd	48	112.41	Polonium	Po	84	210
Cäsium	Cs	55	132.9054	Praseodym	Pr	59	140.9077
Calcium	Ca	20	40.08	Promethium	Pm	61	145
Californium	Cf	98	251	Protactinium	Pa	91	231.0359
Cer	Ce	58	140.12	Quecksilber	Hg	80	200.59
Chlor	Cl	17	35.453	Radium	Ra	88	226.0254
Chrom	Cr	24	51.996	Radon	Rn	86	222
Cobalt	Co	27	58.9332	Rhenium	Re	75	186.207
Copernicium	Cn	112	277	Rhodium	Rh	45	102.9055
Curium	Cm	96	247	Röntgenium	Rg	111	272
Darmstadtium	Ds	110	269	Rubidium	Rb	37	85.4678
Dubnium	Db	105	262	Ruthenium	Ru	44	101.07
Dysprosium	Dy	66	162.50	Rutherfordium	Rf	104	261
Einsteinium	Es	99	252	Samarium	Sm	62	150.36
Eisen	Fe	26	55.847	Sauerstoff	O	8	15.9994
Erbium	Er	68	167.26	Scandium	Sc	21	44.9559
Europium	Eu	63	151.96	Schwefel	S	16	32.06
Fermium	Fm	100	257	Seaborgium	Sg	106	263
Fluor	F	9	18.998403	Selen	Se	34	78.96
Francium	Fr	87	223	Silber	Ag	47	107.868
Gadolinium	Gd	64	157.25	Silicium	Si	14	28.086
Gallium	Ga	31	69.72	Stickstoff	N	7	14.0067
Germanium	Ge	32	72.59	Strontium	Sr	38	87.62
Gold	Au	79	196.9665	Tantal	Ta	73	180.9479
Hafnium	Hf	72	178.49	Technetium	Tc	43	99
Hassium	Hs	108	265	Tellur	Te	52	127.60
Helium	He	2	4.00260	Terbium	Tb	65	158.9254
Holmium	Ho	67	164.9304	Thallium	Tl	81	204.383
Indium	In	49	114.82	Thorium	Th	90	232.0381
Iod	I	53	126.9045	Thulium	Tm	69	168.9342
Iridium	Ir	77	192.22	Titan	Ti	22	47.88
Kalium	K	19	39.0983	Uran	U	92	238.0298
Kohlenstoff	C	6	12.011	Vanadium	V	23	50.9415
Krypton	Kr	36	83.80	Wasserstoff	H	1	1.0079
Kupfer	Cu	29	63.546	Wolfram	W	74	183.85
Lanthan	La	57	138.9055	Xenon	Xe	54	131.29
Lawrencium	Lr	103	260	Ytterbium	Yb	70	173.04
Lithium	Li	3	6.941	Yttrium	Y	39	88.9059
Lutetium	Lu	71	174.967	Zink	Zn	30	65.38
Magnesium	Mg	12	24.305	Zinn	Sn	50	118.69
Mangan	Mn	25	54.9380	Zirconium	Zr	40	91.22

Nichtmetall, gasförmige Stoffe | Nichtmetall, feste Stoffe | Nichtmetall, flüssiger Stoff | Edelgas | Metall, feste Stoffe | Metall, flüssiger Stoff | Übergangselemente, (Halbmetalle), feste Stoffe